数控铣床编程与加工一体化教程

张永超　张　勇　主编

吉林科学技术出版社

图书在版编目（CIP）数据

数控铣床编程与加工一体化教程 / 张永超, 张恒主编. -- 长春 : 吉林科学技术出版社, 2022.4
ISBN 978-7-5578-9302-6

Ⅰ. ①数… Ⅱ. ①张… ②张… Ⅲ. ①数控机床－铣床－程序设计－教材②数控机床－铣床－加工－教材 Ⅳ. ①TG547

中国版本图书馆 CIP 数据核字(2022)第 072675 号

数控铣床编程与加工一体化教程

主　　编　张永超　张　恒
出 版 人　宛　霞
责任编辑　孔彩虹
封面设计　树人教育
制　　版　北京荣玉印刷有限公司
幅面尺寸　185mm × 260mm
开　　本　16
字　　数　270 千字
印　　张　11.75
印　　数　1–1500 册
版　　次　2022年4月第1版
印　　次　2022年4月第1次印刷

出　　版　吉林科学技术出版社
发　　行　吉林科学技术出版社
地　　址　长春市南关区福祉大路5788号出版大厦A座
邮　　编　130118
发行部电话/传真　0431-81629529　81629530　81629531
　　　　　　　　　81629532　81629533　81629534
储运部电话　0431-86059116
编辑部电话　0431-81629510
印　　刷　廊坊市印艺阁数字科技有限公司

书　　号　ISBN 978-7-5578-9302-6
定　　价　58.00元

前　言

一体化教学已经成为职业教育发展的趋势，为了配合我校的一体化教学改革，编写本教材。

本书以书薄学厚的方式编写，采用六步法，在教学的过程中采用任务驱动教学法，在工作任务—任务目标—任务准备—任务实施—任务巩固的过程中，把相关知识点潜移默化地传授给学生，力求达到举一反三的效果。

本书以职业标准为依据，以企业需求为导向，以职业能力为核心，强调能力本位，结合企业岗位需求，突出新知识、新技术、新工艺、新方法，注重职业能力的培养。

前言

目　录
CONTENTS

学习任务一　数控铣床、加工中心基本操作

学习目标

➢ 知识目标

1．了解数控及数控机床的概念。

2．知道数控机床的发展概况。

3．掌握数控加工的优缺点。

➢ 能力目标

1．掌握数控机床的组成、工作过程及分类。

2．会查阅资料，了解数控铣床、加工中心的主要技术参数，并会填写主要技术参数。

3．能够掌握加工中心的组成及加工对象。

4．掌握数控加工工艺知识。

5．能正确地清理和保养数控机床。

➢ 素养目标

1．能按照产品工艺流程和车间要求，进行产品交接并规范填写交接班记录。

2．能严格按照7S车间管理规定，正确规范地保养数控铣床。

3．能主动查询有效信息，展示工作成果，对学习与工作进行反思总结，并能与他人开展良好合作，进行有效沟通。

学习地点

数控加工车间。

学习活动1　接单、明确任务要求

学习目标

1．掌握数控机床的组成、工作过程及分类。

2．会查阅资料，了解数控铣床、加工中心的主要技术参数，并会填写主要技术参数。

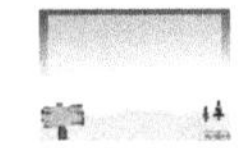

学习地点

数控加工车间。

一、工作情景描述

3月底，有多个中学的校长和主任来我校进行考察、访问，重点在1号车间的数控车间，由于人数较多，现在需要我们学校的学生来帮忙讲解数控车间的数控机床，需要让参观者了解什么是数控机床、机床的组成、工作过程及分类、什么是加工中心、数控加工工艺、数控机床的日常保养及维护等内容。

图1-1　数控铣床实物图

二、引导问题

1．数控及数控机床的简介。（查阅资料）

2．你心目中什么样的机床是数控铣床。（查阅资料）

3．数控机床的加工工艺和普通机床的区别。（查阅资料）

三、接单

明确各小组对应机床型号。

组号	机床编号

学习活动2　任务分析

学习目标

1. 数控机床的组成、工作过程及分类。
2. 加工中心机床有什么特点？哪些部分组成？
3. 数控铣床加工中心的保养。

学习地点

数控加工车间。

学习过程

1. 数控铣床有哪几个部分构成？

2. 查阅相关资料，明确机床的保养要点。

学习活动3　制订计划

学习目标

1. 各小组明确自己的机床型号及其组成。
2. 填写组员分工表。

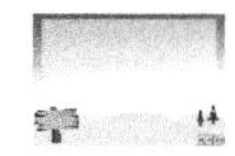

学习地点

数控加工车间。

学习过程

1．请写出完成本任务的整个工作流程步骤。

2．小组成员分工。（见附表2）

学习活动4　任务实施

学习目标

1．数控铣床的组成
2．了解机床的操作。
3．数控机床的保养及维护。

学习地点

数控加工车间。

一、安全操作规程

（一）安全操作基本注意事项

1．工作时请穿好工作服、安全鞋，戴好工作帽及防护镜，注意：不允许戴手套操作机床。

2．不要移动或损坏安装在机床上的警告标牌。

3．不要在机床周围放置障碍物，工作空间应足够大。

4．某一项工作如需要两人或多人共同完成时，应注意相互间的协调一致。

5．不允许采用压缩空气清洗机床、电气柜及NC单元。

（二）工作前的准备工作

1．机床工作开始工作前要有预热，认真检查润滑系统工作是否正常，如机床长时间未开动，可先采用手动方式向各部分供油润滑。

2．使用的刀具应与机床允许的规格相符，有严重破损的刀具要及时更换。

3．调整刀具所用工具不要遗忘在机床内。

4．大尺寸轴类零件的中心孔是否合适，中心孔如太小，工作中易发生危险。

5．刀具安装好后应进行一二次试切削。

6．检查卡盘夹紧工作的状态。

7．机床开动前，必须关好机床防护门。

（三）工作过程中的安全注意事项

1．禁止用手接触刀尖和铁屑，铁屑必须要用铁钩子或毛刷来清理。

2．禁止用手或其他任何方式接触正在旋转的主轴、工件或其他运动部位。

3．禁止加工过程中量活、变速，更不能用棉丝擦拭工件、也不能清扫机床。

4．车床运转中，操作者不得离开岗位，机床发现异常现象立即停车。

5．经常检查轴承温度，过高时应找有关人员进行检查。

6．在加工过程中，不允许打开机床防护门。

7．严格遵守岗位责任制，机床由专人使用，他人使用须经本人同意。

8．工件伸出车床100mm以外时，须在伸出位置设防护物。

（四）工作完成后的注意事项

1. 清除切屑、擦拭机床，使用机床与环境保持清洁状态。
2. 注意检查或更换磨损坏了的机床导轨上的油察板。
3. 检查润滑油、冷却液的状态，及时添加或更换。
4. 依次关掉机床操作面板上的电源和总电源。

二、7S职业规范

（一）7S的定义及目的

7S是指整理（SEIRI）、整顿（SEITON）、清扫（SEISO）、清洁（SEIKETSU）、素养（SHITSUKE）、安全（SAFE），因其日语的罗马拼音均以“S”开头，因此简称为“7S”，这里我们又添加了另一个S——节约（SAVE），故统称7S。

1. 整理

定义：区分“要”与“不要”的东西，对“不要”的东西进行处理。

目的：腾出空间，提高生产效率。

2. 整顿

定义：要的东西依规定定位、定量摆放整齐，明确标识。

目的：排除寻找的浪费。

3. 清扫

定义：清除工作场所内的脏污，设备异常马上修理，并防止污染的发生。

目的：使不足、缺点明显化，是品质的基础。

4. 清洁

定义：将上面3S的实施制度化、规范化，并维持效果。

目的：通过制度化来维持成果，并显现“异常”之所在。

5. 素养（又称修养、心灵美）

定义：人人依规定行事，养成好习惯。

目的：提升“人的品质”，养成对任何工作都持认真态度的人。

6. 安全

保证工作现场安全及产品质量安全。

目的：杜绝安全事故、规范操作、确保产品质量。

记住：现场无不安全因素，即整理、整顿取得了成果！

7. 节约

就是对时间、空间、能源等方面合理利用，以发挥它们的最大效能，从而创造一个高效率的，物尽其用的工作场所。

三、通过对车间机床的参观，请填写下表

项目	主要技术参数	项目	主要技术参数值
机床型号		刀库类型	
数控系统		刀库中放刀数量	
床身结构		工作台规格	
机床总功率		工作行程	

四、认识数控车床面板

不同类型的数控车床配备的数控系统不尽相同，面板功能布局也不一样。在操作设备前，要仔细阅读操作说明书。掌握数控车床面板各功能按键的名称和功能。下图所示为FANUC 0iMate-TD系统数控车床面板。

1．数控系统面板。

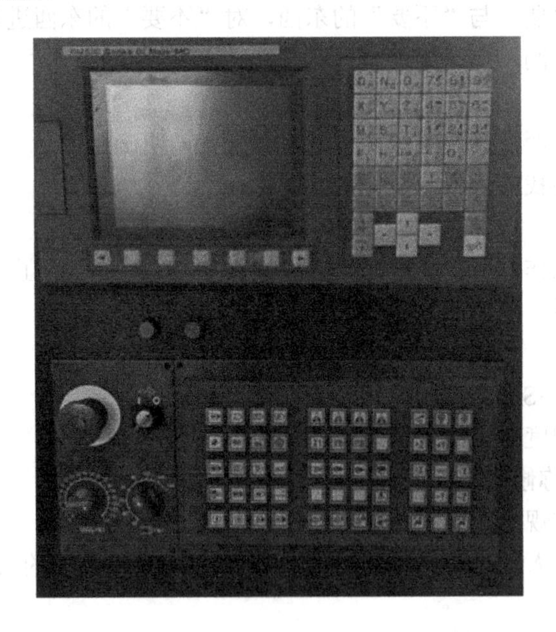

2．查阅资料，认识数控系统操作面板上各按键的名称及功能并填在下表中。

功能键图标	名称	功能说明
POS		
PROG		
OFS/SET		
SHIFT		
CAN		
INPUT		
SYSTEM		
MESSAGE		
CSTM/GR		
ALTER		
INSERT		

续表

功能键图标	名称	功能说明
 DELETE		

3．认识机床操作面板。

查阅资料，认识操作面板上各按键的名称及功能并填在下表中。

功能键图标	名称	功能说明

续表

功能键图标	名称	功能说明

五、各小组对机床进行保养

学习活动5　零件检测与质量分析

学习目标

1. 能利用手机、幻灯片、电脑等展示自己的机床组成。
2. 各组交叉检查机床保养情况。

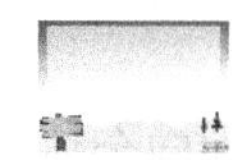

学习地点

数控加工车间。

学习过程

1. 通过PPT展示介绍对机床各组成

2. 小组互相检查机床保养情况

学习活动6　工作总结、评价与反馈

学习目标

1．能按分组情况，分别派代表阐述学习过程，说明本次任务的完成情况，并分析总结。

2．能就本次任务中出现的问题，提出改进措施。

3．能对学习与工作进行反思总结，并能与他人开展良好合作，进行有效的沟通。

学习地点

数控加工车间。

学习过程

工作总结是整个工作过程的一种体会、一种分享、一种积累。它可以充分检查你在整个制作过程中的点点滴滴，有技能的，也有情感的，有艰辛的尝试更有成功的喜悦，还有很多很多，但是我们更注重的是这个过程中你的进步，好好总结并与老师、同学分享你的感悟吧！

1．各加工小组总结镂空六面体零件的加工过程，完成工作总结报告，并向全体师生汇报。

各加工小组以小组形式，可以通过演示文稿、展板、海报、录像等内容展示小组镂空六面体零件的数控加工的工作过程，总结小组成员在本任务实施中专业知识技能、关键能力、职业能力的提升，积累的经验，遇到的问题，解决的方法等等。

2．学生根据本任务完成过程中的学习情况，进行小组自评、互评。

3．教师根据学生在本学习任务过程中的表现情况，进行总结、点评。

任务名称：＿＿＿＿＿＿＿＿　组名：＿＿＿＿＿＿　姓名：＿＿＿＿＿＿

自我总结报告

＿＿＿＿＿＿＿＿＿＿＿＿＿＿＿＿＿＿＿＿＿＿＿＿＿＿＿＿＿＿＿＿＿＿＿＿

＿＿＿＿＿＿＿＿＿＿＿＿＿＿＿＿＿＿＿＿＿＿＿＿＿＿＿＿＿＿＿＿＿＿＿＿

＿＿＿＿＿＿＿＿＿＿＿＿＿＿＿＿＿＿＿＿＿＿＿＿＿＿＿＿＿＿＿＿＿＿＿＿

附表2　小组分工

姓名	职责	姓名	职责

附表3　刀具及刀具参数清单

刀具序号	刀具名称	数量	加工内容	刀尖半径/mm	刀具规格/mm×mm
领取人				组　别	

附表4　工量具清单

序号	工量具名称	规格	数量	用途
1				
2				
3				
4				
5				
6				
领取人			组别	

附表5　加工工艺卡

<table>
<tr><td colspan="2" rowspan="2">（单位名称）</td><td rowspan="2">加工工艺卡</td><td>产品名称</td><td colspan="2"></td><td colspan="2">图号</td><td colspan="2"></td></tr>
<tr><td>零件名称</td><td colspan="2"></td><td colspan="2">数量</td><td></td><td>第
页</td></tr>
<tr><td>材料种类</td><td></td><td>材料成分</td><td></td><td colspan="2">毛坯尺寸</td><td colspan="3"></td><td>共
页</td></tr>
<tr><td>工序号</td><td colspan="3">工序内容</td><td>车间</td><td>设备</td><td>夹具</td><td colspan="2">量具</td><td>刃具</td></tr>
<tr><td></td><td colspan="3"></td><td></td><td></td><td></td><td colspan="2"></td><td></td></tr>
<tr><td></td><td colspan="3"></td><td></td><td></td><td></td><td colspan="2"></td><td></td></tr>
<tr><td></td><td colspan="3"></td><td></td><td></td><td></td><td colspan="2"></td><td></td></tr>
<tr><td></td><td colspan="3"></td><td></td><td></td><td></td><td colspan="2"></td><td></td></tr>
<tr><td></td><td colspan="3"></td><td></td><td></td><td></td><td colspan="2"></td><td></td></tr>
<tr><td></td><td colspan="3"></td><td></td><td></td><td></td><td colspan="2"></td><td></td></tr>
<tr><td></td><td colspan="3"></td><td></td><td></td><td></td><td colspan="2"></td><td></td></tr>
<tr><td></td><td colspan="3"></td><td></td><td></td><td></td><td colspan="2"></td><td></td></tr>
<tr><td></td><td colspan="3"></td><td></td><td></td><td></td><td colspan="2"></td><td></td></tr>
<tr><td></td><td colspan="3"></td><td></td><td></td><td></td><td colspan="2"></td><td></td></tr>
<tr><td></td><td colspan="3"></td><td></td><td></td><td></td><td colspan="2"></td><td></td></tr>
<tr><td></td><td colspan="3"></td><td></td><td></td><td></td><td colspan="2"></td><td></td></tr>
<tr><td></td><td colspan="3"></td><td></td><td></td><td></td><td colspan="2"></td><td></td></tr>
<tr><td></td><td colspan="3"></td><td></td><td></td><td></td><td colspan="2"></td><td></td></tr>
<tr><td></td><td colspan="3"></td><td></td><td></td><td></td><td colspan="2"></td><td></td></tr>
<tr><td></td><td colspan="3"></td><td></td><td></td><td></td><td colspan="2"></td><td></td></tr>
</table>

续表

<table>
<tr><td colspan="2" rowspan="2">（单位名称）</td><td rowspan="2">加工工艺卡</td><td>产品名称</td><td colspan="2"></td><td colspan="2">图号</td><td colspan="2"></td></tr>
<tr><td>零件名称</td><td colspan="2"></td><td colspan="2">数量</td><td></td><td>第
页</td></tr>
<tr><td>材料种类</td><td></td><td>材料成分</td><td></td><td colspan="2">毛坯尺寸</td><td colspan="3"></td><td>共
页</td></tr>
<tr><td>工序号</td><td colspan="3">工序内容</td><td>车间</td><td>设备</td><td>夹具</td><td colspan="2">量具</td><td>刃具</td></tr>
<tr><td></td><td colspan="3"></td><td></td><td></td><td></td><td colspan="2"></td><td></td></tr>
<tr><td></td><td colspan="3"></td><td></td><td></td><td></td><td colspan="2"></td><td></td></tr>
</table>

组别：

附表6　仿真加工问题清单

组别：

问题	改进方法

附表7　机床加工问题清单

组别：

问题	改进方法

附表8 ________评分表

班级____________ 姓名_______________ 工件编号________

<table>
<tr><th>项目</th><th>序号</th><th>考核要求</th><th>配分</th><th>评分标准</th><th>实际尺寸</th><th>得分</th></tr>
<tr><td rowspan="8"></td><td>1</td><td></td><td></td><td></td><td></td><td></td></tr>
<tr><td>2</td><td></td><td></td><td></td><td></td><td></td></tr>
<tr><td>3</td><td></td><td></td><td></td><td></td><td></td></tr>
<tr><td>4</td><td></td><td></td><td></td><td></td><td></td></tr>
<tr><td>5</td><td></td><td></td><td></td><td></td><td></td></tr>
<tr><td>6</td><td></td><td></td><td></td><td></td><td></td></tr>
<tr><td>7</td><td></td><td></td><td></td><td></td><td></td></tr>
<tr><td>8</td><td></td><td></td><td></td><td></td><td></td></tr>
<tr><td rowspan="12"></td><td>9</td><td></td><td></td><td></td><td></td><td></td></tr>
<tr><td>10</td><td></td><td></td><td></td><td></td><td></td></tr>
<tr><td>11</td><td></td><td></td><td></td><td></td><td></td></tr>
<tr><td>12</td><td></td><td></td><td></td><td></td><td></td></tr>
<tr><td>13</td><td></td><td></td><td></td><td></td><td></td></tr>
<tr><td>14</td><td></td><td></td><td></td><td></td><td></td></tr>
<tr><td>15</td><td></td><td></td><td></td><td></td><td></td></tr>
<tr><td>16</td><td></td><td></td><td></td><td></td><td></td></tr>
<tr><td>17</td><td></td><td></td><td></td><td></td><td></td></tr>
<tr><td>18</td><td></td><td></td><td></td><td></td><td></td></tr>
<tr><td>19</td><td></td><td></td><td></td><td></td><td></td></tr>
<tr><td>20</td><td></td><td></td><td></td><td></td><td></td></tr>
<tr><td colspan="3">总配分</td><td>100</td><td></td><td></td><td></td></tr>
</table>

学习任务二　平面刻字的加工

学习目标

➢ 知识目标

1．能正确读懂工件图纸。

2．能掌握平面铣削方法。

3．能正确编制刻字加工程序。

4．能完成检测，并根据检测结果分析误差产生的原因。

➢ 能力目标

1．能正确熟练应用机床仿真软件各项功能，模拟数控铣床操作，完成刻字加工零件的模拟加工。

2．能根据零件图样合理选择刀具及切削用量。

3．能正确根据加工要求，正确操作数控机床，完成刻字零件的加工。

➢ 素养目标

1．能按照产品工艺流程和车间要求，进行产品交接并规范填写交接班记录。

2．能严格按照7S车间管理规定，正确规范地保养数控车床。

3．能完成零件的检测，并根据检测结果分析误差产生的原因。

4．能主动查询有效信息，展示工作成果，对学习与工作进行反思总结，并能与他人开展良好合作，进行有效沟通。

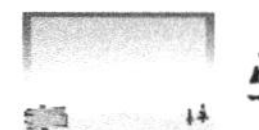

学习地点

数控加工车间。

学习活动1 接单、明确任务要求

学习目标

1. 能正确识读和绘制多槽底座零件图样。
2. 能正确阅读生产任务单，明确工作任务。

学习地点

数控加工车间。

一、工作情景描述

某企业现有一批外协加工，工件上表面需要进行图案雕刻。工件形状如图所示为简单的平面雕刻，材料45钢，毛坯尺寸为100mm×100mm×30mm，共12件，工期4天，现在交给本班同学在学校进行生产加工，要求工件上表面见光，再进行刻字加工请你根据所学知识，利用现有车间设备，完成零件的工艺分析、程序编制、加工、检验。要求读懂图纸要求，所编工艺合理，程序简便，最终检验符合图纸要求并按期交付使用。

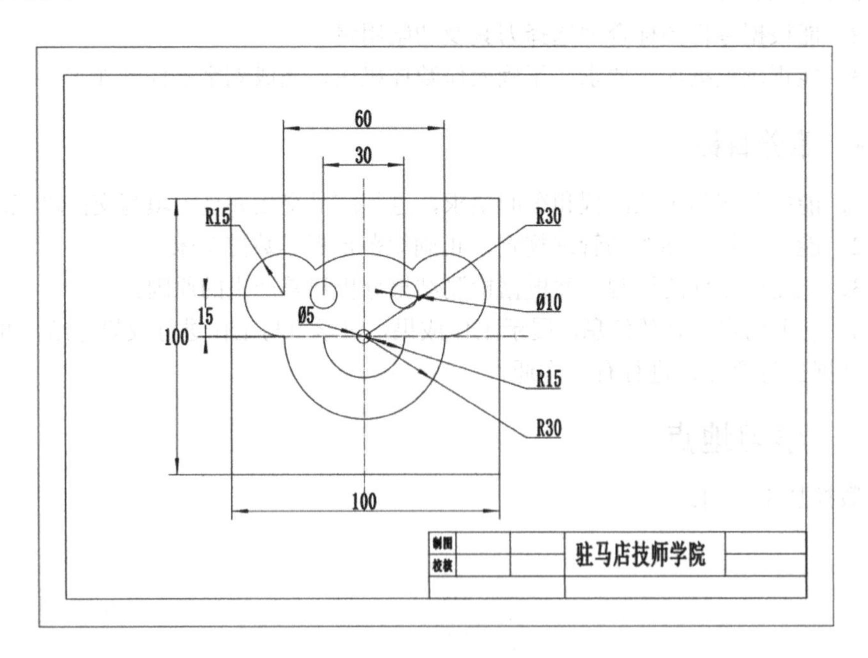

图2-1 平面雕刻图

生产任务单

需方单位名称				完成日期	年　　月　　日	
序号	产品名称	材料	数量	技术标准、质量要求		
生产批准时间		年　月　日	批准人			
通知任务时间		年　月　日	发单人			
接单时间		年　月　日	接单人		生产班组	

1．刻字加工适合在普通铣床上加工吗?

学习活动2　任务分析

学习目标

1．能从图样中识读零件的外形、尺寸、技术要求。

2．能确定加工要素的位置及精度等要求。

3．能正确选取刀具及切削参数。

学习地点

数控加工车间。

学习过程

一、接受任务

1. 根据该任务的情景描述，请用3～8个关键词概述该任务的工作要点。

2. 根据该任务的情景描述，请写出你的工作计划。

相关知识

1. 结合图片叙述面铣刀端铣平面有什么特点？

2．叙述下面的刀具类型并思考平面铣削刀具如何进行选择？

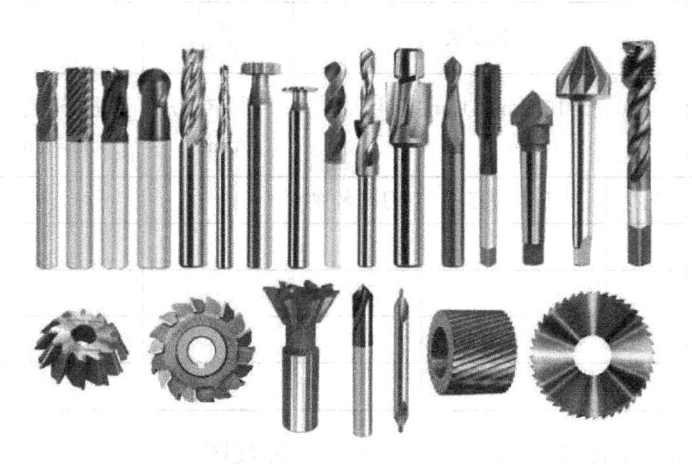

3．解释G90和G91的含义。

G90 X__Y__Z__

G91 X__Y__Z__

4．根据G00、G01的格式思考其区别。

G00 X__Y__Z__

G01 X__Y__Z__F__

二、工艺分析

1．该工件加工时的定位基准是____________？选择___________夹具装夹？

2．在加工工件上表面时，我们选择__________________刀具，在雕刻时，选择____________刀具。

3．填写数控加工工艺卡。

工件名称		工件图号			夹具名称		
工序	名称	工艺要求			使用设备		
1	备料	100mm×100mm×31mm方料一块			主轴转速n /r/min	进给速度f /mm/min	切削深度 a_p /mm
2	加工中心	工步	工步内容	刀具名称			

4．请确定该工件的加工路线，并画出走刀路线图。

学习活动3　制订、实施计划

学习目标

1．能制定加工工艺，填写工艺卡片。

2．能分析如何保证加工精度。

3．根据各小组展示的加工工艺过程，完善自己的加工工艺。

学习地点

数控加工车间。

学习过程

1．请写出完成本任务的整个工作流程步骤。

2．小组成员分工。（见附表5）

3．选择刀具及刀具参数。（见附表2）

4．列出工量具清单。（见附表3）

5．合理拟定零件加工的工艺路线，根据工艺路线和刀具表，填写数控加工工艺卡。（见附表4）

6．根据图样和加工路线计算编程坐标值。

7．编写加工程序。

程序	注释

学习活动4　平面刻字的数控加工

学习目标

1．能根据现场条件，查阅相关资料，确定符合加工技术要求的工、量、夹具和辅件。

2．能熟练应用机床仿真软件完成模拟加工。

3．能正确选择本次任务要用的切削液。

4．能正确装夹工件，并对其进行找正。

5．能正确规范地装夹刀具。

6．能严格根据车间管理规定，正确规范地操作数控铣床。

7．能准确运用量具进行测量，根据测量结果调整加工参数。

8．能在教师的引导下解决加工中出现的常见的问题。

9．能按车间现场7S管理规定，正确放置零件，整理现场。

10．能严格按照车间管理规定，正确规范地保养数控机床。

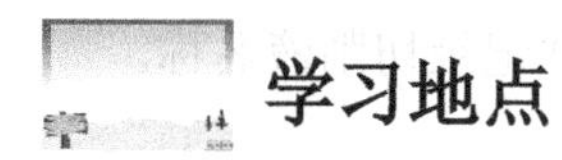

学习地点

数控加工车间。

学习过程

一、模拟与仿真加工

1．说明在仿真加工中刀具参数的设置。

2．在模拟加工中，观察仿真软件生成的刀具轨迹路径，是否符合加工要求，如不符合，记录到附表6，并在小组讨论中提出改进方法，以便提高加工质量和效率。

二、零件加工

（一）加工准备

1．根据附表1领取材料。

领取毛坯料，并测量毛坯外形尺寸，判断毛坯是否有足够的加工余量。记录测量结果。

2．根据附表2、3领取刃具、工具、量具。

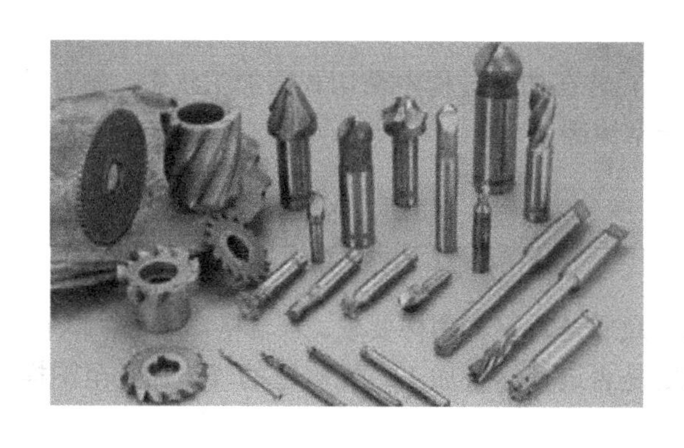

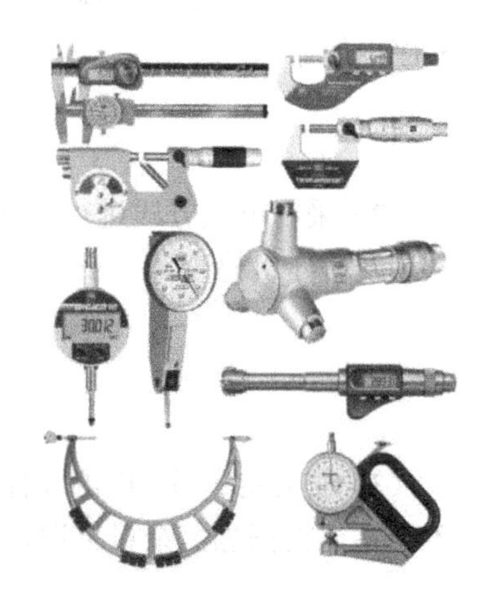

3．选择切削液。

根据加工对象及所用刀具，选择本次加工所用切削液，并记录切削液名称。

（二）、加工过程

1．机床准备。

2．安装工件。

根据毛坯尺寸100mm×100mm×30mm，并且毛坯件各面是已加工面，故选用装夹工件。装夹工件时，用________进行找正。

（1）装夹刀具

正确装夹刀具，确保刀具牢固可靠。

（2）对刀

首先设定主轴转速，使用寻边器对工件X、Y进行对刀；使用加工刀具和标准量块在机床内对工件上表面对刀，将工件坐标系相对于机床坐标系的X、Y、Z坐标值输入到G54相应的参数中。

3．加工。

（1）转入自动加工模式，将G54参数中的Z值增大100mm，空运行程序，验证加工轨迹是否正确。若轨迹正确，将G54参数中的Z值改为原值，进行下一步操作。若不正确，对照图纸仔细检查程序对错，修改无误后，进行下一步操作。分析并记录程序出错原因。

（2）采用单段方式进行试切加工，并在加工过程中密切观察加工状态，如有异常现场及时停机检查。分析并记录异常原因。

（3）加工完毕后，检测零件加工尺寸是否符合图样要求。若合格，将工件卸下。若不合格，根据加工余量情况，确定是否进行修整加工。能修整的修整加工至图样要求。不能修整的，详细分析记录报废的原因并给出修改措施。请将加工过程中遇到的问题记录到附表7。

三、根据零件加工情况，比较实际工时与计划工时，分析如何提高工作效率

四、机床保养、清理场地

加工完毕后，按照图样要求进行自检，正确放置零件，并进行产品交接确认;按照国家环保相关规定和车间要求整理现场，清扫切屑，保养机床，并正确处置废油液等废弃物，按车间规定填写交接班记录附表8和设备日常保养记录卡。

学习活动5　零件检测与质量分析

学习目标

1. 能根据图样，合理选择检验工具和量具，确定检测方法。
2. 能根据零件的测量结果，分析误差产生的原因。
3. 能正确规范地使用工、量具，并对其进行合理保养和维护。
4. 能按检验室管理要求，正确放置检验工、量具。

学习地点

数控加工车间。

学习过程

一、领取检测用工、量具

1. 每项零件精度都需要特定的量具来实现，而要做到准确选择测量方法及量具，首先要熟悉各类常用量具的用途。仔细观察以下常用量具，写出这些常用量具的名称及用途。

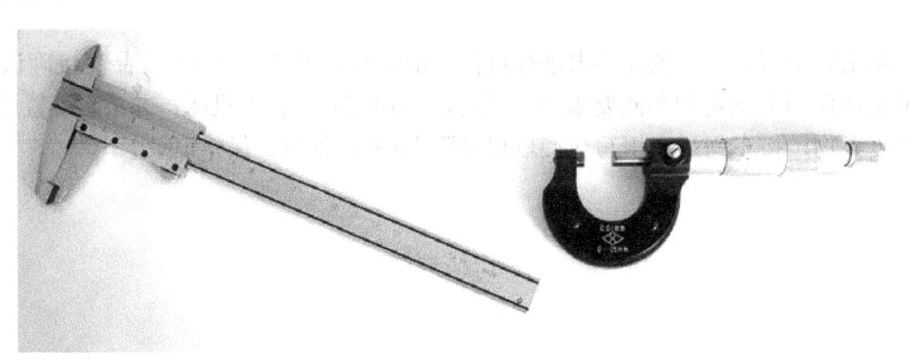

量具名称：________________　量具名称：________________
用途：________________　量具用途：________________
____

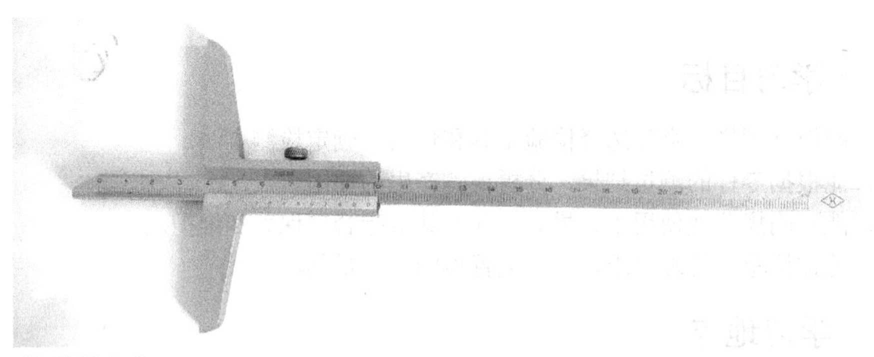

量具的名称：________________
用途：____

2. 游标卡尺和千分尺使用结束后，你是如何进行维护保养和存放的？

（1）维护保养的过程

（2）存放

二、检测工件并出具检测报告

三、展示工件的不合格情况并进行质量分析

四、产生不合格品的情况分析

废品种类	产生原因	预防措施

学习活动6　工作总结、评价与反馈

学习目标

1. 能按分组情况，分别派代表阐述学习过程，说明本次任务的完成情况，并分析总结。

2. 能就本次任务中出现的问题，提出改进措施。

3. 能对学习与工作进行反思总结，并能与他人开展良好合作，进行有效的沟通。

学习地点

数控加工车间。

学习过程

工作总结是整个工作过程的一种体会、一种分享、一种积累。它可以充分检查你在整个制作过程中的点点滴滴，有技能的，也有情感的，有艰辛的尝试更有成功的喜悦，还有很多很多，但是我们更注重的是这个过程中你的进步，好好总结并与

老师、同学分享你的感悟吧！

1．各加工小组总结平面刻字零件的加工过程，完成工作总结报告，并向全体师生汇报。

各加工小组以小组形式，可以通过演示文稿、展板、海报、录像等内容展示小组平面刻字零件的数控加工的工作过程，总结小组成员在本任务实施中专业知识技能、关键能力、职业能力的提升，积累的经验，遇到的问题，解决的方法等等。

2．学生根据本任务完成过程中的学习情况，进行小组自评、互评。

3．教师根据学生在本学习任务过程中的表现情况，进行总结、点评。

任务名称：______________　组名：__________　姓名：____________

自我总结报告

附表1　毛坯尺寸及材料成本核算

零件名称	材料	材料规格	单位	数量	成本核算
合计材料成本					
领取人			组别		

附表2　刀具及刀具参数清单

刀具序号	刀具名称	数量	加工内容	刀尖半径/mm	刀具规格/mm×mm
1					
2					
3					
4					
5					
6					
7					
8					
领取人				组　别	

附表3　工量具清单

序号	工量具名称	规格	数量	用途
1				
2				
3				
4				
5				
6				
7				
8				
领取人			组别	

附表4 ________加工工艺卡

<table>
<tr><td rowspan="2">（单位名称）</td><td rowspan="2"></td><td>产品名称</td><td colspan="2"></td><td colspan="2">图号</td><td colspan="2"></td></tr>
<tr><td>零件名称</td><td colspan="2"></td><td colspan="2">数量</td><td colspan="2"></td></tr>
<tr><td>工序</td><td>程序序号</td><td>夹具名称</td><td colspan="2">使用设备</td><td colspan="3">车间</td><td>材料</td></tr>
<tr><td></td><td></td><td></td><td colspan="2"></td><td colspan="3"></td><td></td></tr>
<tr><td>工步</td><td colspan="2">工步内容</td><td>刀具规格</td><td>主轴转速</td><td>进给速度</td><td colspan="2">背吃刀量</td><td>备注</td></tr>
<tr><td></td><td colspan="2"></td><td></td><td></td><td></td><td colspan="2"></td><td></td></tr>
<tr><td></td><td colspan="2"></td><td></td><td></td><td></td><td colspan="2"></td><td></td></tr>
<tr><td></td><td colspan="2"></td><td></td><td></td><td></td><td colspan="2"></td><td></td></tr>
<tr><td></td><td colspan="2"></td><td></td><td></td><td></td><td colspan="2"></td><td></td></tr>
<tr><td></td><td colspan="2"></td><td></td><td></td><td></td><td colspan="2"></td><td></td></tr>
<tr><td></td><td colspan="2"></td><td></td><td></td><td></td><td colspan="2"></td><td></td></tr>
<tr><td></td><td colspan="2"></td><td></td><td></td><td></td><td colspan="2"></td><td></td></tr>
<tr><td></td><td colspan="2"></td><td></td><td></td><td></td><td colspan="2"></td><td></td></tr>
<tr><td></td><td colspan="2"></td><td></td><td></td><td></td><td colspan="2"></td><td></td></tr>
<tr><td></td><td colspan="2"></td><td></td><td></td><td></td><td colspan="2"></td><td></td></tr>
<tr><td></td><td colspan="2"></td><td></td><td></td><td></td><td colspan="2"></td><td></td></tr>
</table>

附表5　小组分工

组别：

姓名	职责	姓名	职责

附表6　　仿真加工问题清单

组别：

问题	改进方法

附表7　机床加工问题清单

组别：

问题	改进方法

学习任务三　成组平行垫铁的数控加工

学习目标

➢ 知识目标

1．能正确识读零件图样。

2．能正确编制加工工艺计划，并正确填写数控加工工艺卡。

3．能正确运用编程指令，按照程序格式要求编制加工程序，并绘制刀具路径图。

4．能完成零件的检测，并根据测量结果分析误差产生的原因。

➢ 能力目标

1．能正确熟练应用机床仿真软件各项功能，模拟数控铣床操作，完成平行垫铁的模拟加工。

2．能根据零件图样合理选择刀具及切削用量。

3．能正确根据加工要求，正确操作数控机床，完成成组平行垫铁的加工。

➢ 素养目标

1．能按照产品工艺流程和车间要求，进行产品交接并规范填写交接班记录。

2．能严格按照7S车间管理规定，正确规范地保养数控铣床。

3．能完成零件的检测，并根据检测结果分析误差产生的原因。

4．能主动查询有效信息，展示工作成果，对学习与工作进行反思总结，并能与他人开展良好合作，进行有效沟通。

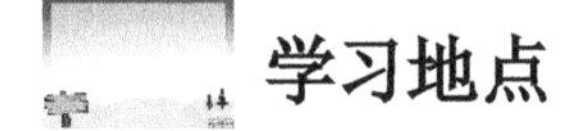

学习地点

数控加工车间。

学习活动1　接单、明确任务要求

学习目标

1. 能正确识读平行块图样。
2. 能正确阅读生产任务单，明确工作任务。

学习地点

数控加工车间。

一、工作情景描述

某企业为进行新产品研发，向我院定制一批平行块以供钳工进行产品试制，数量30件，来料加工，材料为2A12，毛坯尺寸85mm×85mm×27mm，有一定的形位公差要求，交货期为10天，现任务已下达至我系，由我实习班进行分组加工。

图纸如下：

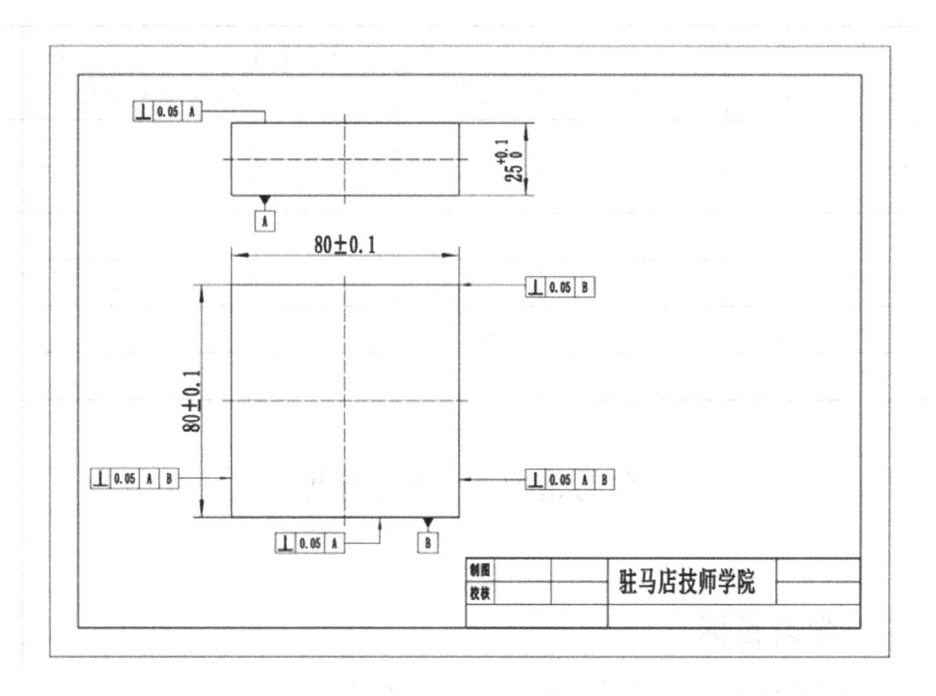

图3-1　加工图

二、引导问题

1．本生产任务需要加工的零件名称为________；加工数量_______；生产周期_____。

2．零件材料分析。

该产品所用的材料为____

此牌号的含义____

3．该材料有什么样的性能？

三、接单

领取生产任务单、加工图样，明确本次加工任务的内容。

表3-1　生产任务单

需方单位名称				完成日期	年　月　日	
序号	产品名称	材料	数量	技术标准、质量要求		
生产批准时间		年　月　日	批准人			
通知任务时间		年　月　日	发单人			
接单时间		年　月　日	接单人		生产班组	

学习活动2　任务分析

学习目标

1．能从图样中识读零件的外形、尺寸、技术要求。

2．能确定加工要素的位置及精度等要求。

3．能正确选取刀具及切削参数。

学习地点

数控加工车间。

学习过程

1．图纸上80±0.1的最大极限尺寸是________，最小极限尺寸是________，精度等级为______级。

图上 | // | 0.05 | A | 表示________________________

图上 | ⊥ | 0.05 | A | B | 表示________________________

2．如何装夹来保证零件的垂直度？

我们现在铣床上采用的夹具是_____，我们采用的找正工具是_____。采用何种方法保证形位公差________________________。

3．平行度如何检测？

4．根据零件结构要素和零件材料分析，确定加工所需的刀具及刀具材料。

选用的刀具型号是____。

刀具材料是____。

学习活动3　制订计划

学习目标

1．能选择加工刀具与刀具切削参数。

2．能制定加工工艺，填写工序卡片。

3．能分析如何保证加工精度。

4．根据各小组展示的加工工艺过程，完善自己的加工工艺。

学习地点

数控加工车间。

学习过程

1. 请写出完成本任务的整个工作流程步骤。

2. 小组成员分工。（见附表2）
3. 选择刀具及刀具参数。（见附表3）
4. 列出工量具清单。（见附表4）
5. 合理拟定零件加工的工艺路线，根据工艺路线和刀具表，填写数控加工工艺卡。（见附表5）

学习活动4 任务实施

学习目标

1. 能熟练应用机床仿真软件完成模拟加工.
2. 进一步熟悉机床的操作。
3. 能按照工艺，加工符合图纸要求的零件。
4. 在加工过程中，严格遵守安全操作规程，正确规范地使用数控机床。
5. 根据切削状态调整切削用量，保证正常切削。
6. 能准确运用量具进行测量，根据测量结果调整加工参数。
7. 能严格按照车间管理规定，正确规范地保养数控机床。
8. 能按车间现场7S管理规定，正确放置零件，整理现场。

9．能按国家环保相关规定和车间要求，正确处置废油液等废弃物。

学习地点

数控加工车间。

学习过程

一、模拟与仿真加工

1．说明在仿真加工中刀具参数的设置。

2．在模拟加工中，观察仿真软件生成的刀具轨迹路径，是否符合加工要求，如不符合，记录到附表6，并在小组讨论中提出改进方法，以便提高加工质量和效率。

二、零件加工

（一）加工准备

1．根据附表1领取材料。
2．根据附表2、3领取刃具、工具、量具。

（二）加工过程

1．根据教师引导，记录加工过程步骤。

2．机床准备。

3．安装工件。

根据毛坯尺寸85mm×85mm×27mm，并且毛坯件各面是未加工面，故选用___装夹工件。装夹工件时，用________进行找正。

4．装夹刀具。

正确装夹面铣刀、键槽铣刀等刀具，确保刀具牢固可靠。

5．对刀。

使用试切法对工件X、Y、Z进行对刀；将工件坐标系相对于机床坐标系的*X*、*Y*、*Z*坐标值输入到G54相应的参数中。

6．加工。

（1）转入自动加工模式，将G54参数中的Z值增大100mm，空运行程序，验证加工轨迹是否正确。若轨迹正确，将G54参数中的Z值改为原值，进行下一步操作。若不正确，对照图纸仔细检查程序对错，修改无误后，进行下一步操作。分析并记录程序出错原因。

（2）采用单段方式进行试切加工，并在加工过程中密切观察加工状态，如有异常现场及时停机检查。分析并记录异常原因。

（3）采用手轮手动粗加工时，注意加工各轴时进给倍率的正确选择。

（4）粗加工完毕后，根据测量结果，修改Z向刀具补偿值，再进行精加工。若粗加工尺寸误差较大，分析并记录误差原因。

（5）加工完毕后，检测零件加工尺寸是否符合图样要求。若合格，将工件卸下。若不合格，根据加工余量情况，确定是否进行修整加工。能修整的修整加工至图样要求。不能修整的，详细分析记录报废的原因并给出修改措施。请将加工过程中遇到的问题记录到附表7。

（三）根据零件加工情况，比较实际工时与计划工时，分析如何提高工作效率

三、机床保养、清理场地

加工完毕后，按照图样要求进行自检，正确放置零件，并进行产品交接确认;按照国家环保相关规定和车间要求整理现场，清扫切屑，保养机床，并正确处置废油

液等废弃物，按车间规定填写交接班记录和设备日常保养记录卡。

学习活动5　零件检测与质量分析

学习目标

1. 能利用手机、幻灯片、电脑等展示自己的工件。
2. 能根据零件的测量结果，分析误差产生的原因。

学习地点

数控加工车间。

学习过程

1. 明确零件上的测量要素，制定检测评分表。（见附表8）
2. 检测工件并出具检测报告。
3. 展示工件的不合格情况并进行质量分析。

产生不合格品的情况分析：

废品种类	产生原因	预防措施

学习活动6　工作总结、评价与反馈

学习目标

1．能按分组情况，分别派代表阐述学习过程，说明本次任务的完成情况，并分析总结。

2．能就本次任务中出现的问题，提出改进措施。

3．能对学习与工作进行反思总结，并能与他人开展良好合作，进行有效的沟通。

学习地点

数控加工车间。

学习过程

工作总结是整个工作过程的一种体会、一种分享、一种积累。它可以充分检查你在整个制作过程中的点点滴滴，有技能的，也有情感的，有艰辛的尝试更有成功的喜悦，还有很多很多，但是我们更注重的是这个过程中你的进步，好好总结并与老师、同学分享你的感悟吧！

1．各加工小组总结平行铁零件的加工过程，完成工作总结报告，并向全体师生汇报。

各加工小组以小组形式，可以通过演示文稿、展板、海报、录像等内容展示小组平行铁零件的数控加工的工作过程，总结小组成员在本任务实施中专业知识技能、关键能力、职业能力的提升，积累的经验，遇到的问题，解决的方法等等。

2．学生根据本任务完成过程中的学习情况，进行小组自评、互评。

3．教师根据学生在本学习任务过程中的表现情况，进行总结、点评。

任务名称：______________　组名：___________　姓名：__________

自我总结报告

____

____

附表2　小组分工

姓名	职责	姓名	职责

附表3　刀具及刀具参数清单

刀具序号	刀具名称	数量	加工内容	刀尖半径/mm	刀具规格/mm×mm
领取人				组　别	

附表4 工量具清单

<table>
<tr><td>序号</td><td>工量具名称</td><td>规格</td><td>数量</td><td>用途</td></tr>
<tr><td>1</td><td></td><td></td><td></td><td></td></tr>
<tr><td>2</td><td></td><td></td><td></td><td></td></tr>
<tr><td>3</td><td></td><td></td><td></td><td></td></tr>
<tr><td>4</td><td></td><td></td><td></td><td></td></tr>
<tr><td>5</td><td></td><td></td><td></td><td></td></tr>
<tr><td>6</td><td></td><td></td><td></td><td></td></tr>
<tr><td>7</td><td></td><td></td><td></td><td></td></tr>
<tr><td colspan="2">领取人</td><td></td><td>组别</td><td></td></tr>
</table>

附表5 加工工艺卡

<table>
<tr><td colspan="2" rowspan="2">（单位名称）</td><td rowspan="2">加工工艺卡</td><td>产品名称</td><td colspan="2"></td><td colspan="2">图号</td><td colspan="2"></td></tr>
<tr><td>零件名称</td><td colspan="2"></td><td colspan="2">数量</td><td></td><td>第
页</td></tr>
<tr><td>材料种类</td><td></td><td>材料成分</td><td></td><td colspan="2">毛坯尺寸</td><td colspan="3"></td><td>共
页</td></tr>
<tr><td>工序号</td><td colspan="3">工序内容</td><td>车间</td><td>设备</td><td>夹具</td><td colspan="2">量具</td><td>刃具</td></tr>
<tr><td></td><td colspan="3"></td><td></td><td></td><td></td><td colspan="2"></td><td></td></tr>
<tr><td></td><td colspan="3"></td><td></td><td></td><td></td><td colspan="2"></td><td></td></tr>
<tr><td></td><td colspan="3"></td><td></td><td></td><td></td><td colspan="2"></td><td></td></tr>
<tr><td></td><td colspan="3"></td><td></td><td></td><td></td><td colspan="2"></td><td></td></tr>
<tr><td></td><td colspan="3"></td><td></td><td></td><td></td><td colspan="2"></td><td></td></tr>
<tr><td></td><td colspan="3"></td><td></td><td></td><td></td><td colspan="2"></td><td></td></tr>
<tr><td></td><td colspan="3"></td><td></td><td></td><td></td><td colspan="2"></td><td></td></tr>
<tr><td></td><td colspan="3"></td><td></td><td></td><td></td><td colspan="2"></td><td></td></tr>
<tr><td></td><td colspan="3"></td><td></td><td></td><td></td><td colspan="2"></td><td></td></tr>
<tr><td></td><td colspan="3"></td><td></td><td></td><td></td><td colspan="2"></td><td></td></tr>
<tr><td></td><td colspan="3"></td><td></td><td></td><td></td><td colspan="2"></td><td></td></tr>
<tr><td></td><td colspan="3"></td><td></td><td></td><td></td><td colspan="2"></td><td></td></tr>
<tr><td></td><td colspan="3"></td><td></td><td></td><td></td><td colspan="2"></td><td></td></tr>
<tr><td></td><td colspan="3"></td><td></td><td></td><td></td><td colspan="2"></td><td></td></tr>
<tr><td></td><td colspan="3"></td><td></td><td></td><td></td><td colspan="2"></td><td></td></tr>
<tr><td></td><td colspan="3"></td><td></td><td></td><td></td><td colspan="2"></td><td></td></tr>
</table>

续表

<table>
<tr><td colspan="2" rowspan="2">（单位名称）</td><td rowspan="2">加工工艺卡</td><td>产品名称</td><td colspan="2"></td><td colspan="2">图号</td><td colspan="2"></td></tr>
<tr><td>零件名称</td><td colspan="2"></td><td colspan="2">数量</td><td></td><td>第
页</td></tr>
<tr><td>材料种类</td><td></td><td>材料成分</td><td></td><td colspan="2">毛坯尺寸</td><td colspan="3"></td><td>共
页</td></tr>
<tr><td>工序号</td><td colspan="3">工序内容</td><td>车间</td><td>设备</td><td>夹具</td><td colspan="2">量具</td><td>刃具</td></tr>
<tr><td></td><td colspan="3"></td><td></td><td></td><td></td><td colspan="2"></td><td></td></tr>
<tr><td></td><td colspan="3"></td><td></td><td></td><td></td><td colspan="2"></td><td></td></tr>
</table>

组别 ：

附表6　仿真加工问题清单

组别

问题	改进方法

附表7　机床加工问题清单

组别

问题	改进方法

附表8　评分表

班级＿＿＿＿＿＿　姓名＿＿＿＿＿＿＿　工件编号＿＿＿＿

项目	序号	考核要求	配分	评分标准	实际尺寸	得分
	1					
	2					
	3					
	4					
	5					
	6					
	7					
	8					
	9					
	10					
	11					
	12					
	13					
	14					
	15					
	16					
	17					
	18					
	19					
	20					
总配分			100			

学习任务四　外轮廓零件的数控加工

学习目标

➢ 知识目标

1．能正确识读和绘制台阶零件图样。

2．能分析台阶零件的加工工艺，并正确填写台阶零件数控加工工艺卡。

3．能正确编制台阶零件加工程序。

➢ 能力目标

1．能正确熟练应用机床仿真软件各项功能，模拟数控铣床操作，完成零件的模拟加工。

2．能根据零件图样合理选择刀具及切削用量。

3．能正确根据加工要求，正确操作数控机床，完成零件的加工。

➢ 素养目标

1．能按照产品工艺流程和车间要求，进行产品交接并规范填写交接班记录。

2．能严格按照7S车间管理规定，正确规范地保养数控铣床。

3．能完成零件的检测，并根据检测结果分析误差产生的原因。

4．能主动查询有效信息，展示工作成果，对学习与工作进行反思总结，并能与他人开展良好合作，进行有效沟通。

学习地点

数控加工车间。

学习活动1　接单、明确任务要求

学习目标

1. 能正确阅读生产任务单，明确工作任务。
2. 能正确识读和绘制台阶零件图样。

学习地点

数控加工车间。

一、工作情景描述

某企业定制一批模具定位板，数量30件，来料加工，材料为45钢，毛坯尺寸 ϕ 100mm×36mm，位置精度要求严格，交货期为5天，现任务已下达至我系，由我实习班进行分组加工。

图纸如下：

图4-1　外轮廓零件图

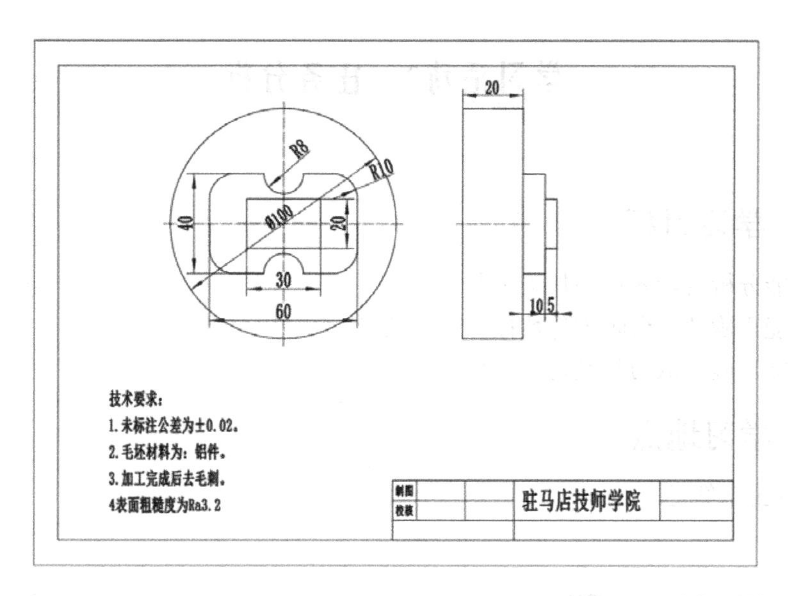

图4-2　外轮廓零件加工图

二、引导问题

1．本生产任务需要加工的零件名称为________；加工数量_______；生产周期_____。

2．零件材料分析：该产品所用的材料为_________。

3．你选择的数控铣床型号？

三、接单

领取生产任务单、加工图样，明确本次加工任务的内容。

生产任务单

需方单位名称				完成日期	年　月　日	
序号	产品名称	材料	数量	技术标准、质量要求		
生产批准时间		年　月　日	批准人			
通知任务时间		年　月　日	发单人			
接单时间		年　月　日	接单人		生产班组	

学习活动2　任务分析

学习目标

1．能分析台阶零件的加工工艺。

2．能正确填写台阶零件数控加工工艺卡。

3．能正确选取刀具及切削参数。

学习地点

数控加工车间。

学习过程

一、零件加工的技术难点是什么？

二、台阶零件的高度如何控制？

三、根据零件结构要素和零件材料分析，确定加工所需的刀具及刀具材料。

1．根据所选用的刀具，设计加工路线图。

2．确定切削用量。

3．初始平面与R平面有何不同？返回初始平面采用什么指令？返回R平面采用什么指令？

4．G02、G03指令有何用途？写出其编程格式，并解释各参数的含义。

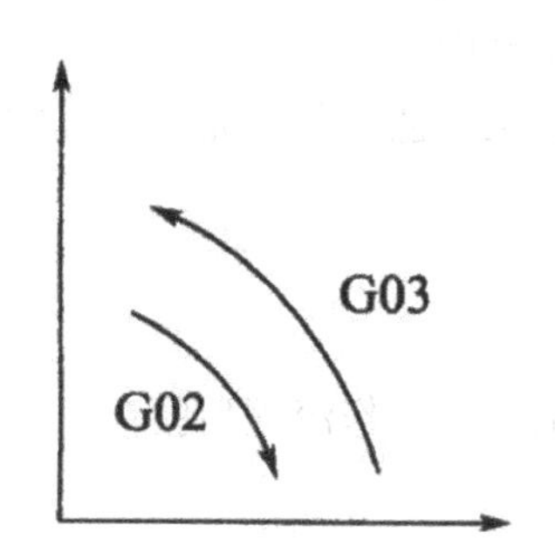

5．刀具半径补偿的建立步骤？

刀具半径补偿执行的过程可分为三步。

（1）刀具补偿建立

刀具从起刀点接近工件，并在原来编程轨迹的基础上，刀具中心按指定的偏置方式向左（G41）或向右（G42）偏移一个偏置量。在刀具补偿建立过程中________零件加工。

（2）刀具补偿进行

刀具中心轨迹与编程轨迹始终偏离____________________距离。

（3）刀具补偿撤销

刀具撤离工件，使刀具中心轨迹终点与编程轨迹的终点（如起刀点）_______。它是刀具补偿建立的逆过程。同样，在该过程中不能进行零件加工。

学习活动3　制订、实施计划

学习目标

1. 能选择加工刀具与刀具切削参数。
2. 能制定加工工艺，填写工序卡片。
3. 能分析如何保证加工精度。
4. 根据各小组展示的加工工艺过程，完善自己的加工工艺。

学习地点

数控加工车间。

1. 请写出完成本任务的整个工作流程步骤。

2. 小组成员分工。（见附表2）
3. 填写刀具卡。（见附表3）
4. 列出工量具清单。（见附表4）
5. 合理拟定零件加工的工艺路线，根据工艺路线和刀具表，填写数控加工工艺卡。（见附表5）

学习活动4　任务实施

学习目标

1．能根据现场条件，查阅相关资料，确定符合加工技术要求的工、量、夹具和辅件。

2．能熟练应用机床仿真软件完成模拟加工。

3．能正确选择本次任务要用的切削液。

4．能正确装夹工件，并对其进行找正。

5．能正确规范地装夹铣刀刀具。

6．能严格根据车间管理规定，正确规范地操作数控铣床。

7．能准确运用量具进行测量，根据测量结果调整加工参数。

8．能在教师的引导下解决加工中出现的常见的问题。

9．能按车间现场7S管理规定，正确放置零件，整理现场。

10．能按国家环保相关规定和车间要求，正确处置废油液等废弃物。

11．能严格按照车间管理规定，正确规范地保养数控机床。

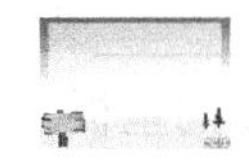

学习地点

数控加工车间。

学习过程

一、模拟与仿真加工

1．说明在仿真加工中刀具参数的设置。

2．在模拟加工中，观察仿真软件生成的刀具轨迹路径，是否符合加工要求，如不符合，记录到附表6，并在小组讨论中提出改进方法，以便提高加工质量和效率。

二、零件加工

（一）加工准备

1．根据附表1领取材料。

2．根据附表2、3领取刀具、工具、量具。

3．选择切削液。

根据加工对象及所用刀具，选择本次加工所用切削液，并记录切削液名称。

（二）加工过程

1．机床准备。

2．安装工件。

根据毛坯尺寸 ϕ80mm×36mm，并且毛坯件各面是已加工面，故选用________装夹工件。装夹工件时，用________进行找正。为避免钻到钳身可加适当厚度的垫板。

3．装夹刀具。

正确装夹中心钻、麻花钻、扩孔钻等刀具，确保刀具牢固可靠。

4．对刀。

使用寻边器对工件X、Y进行对刀；使用加工刀具和标准量块在机床内对工件上表面对刀，将工件坐标系相对于机床坐标系的X、Y、Z坐标值输入到G54相应的参数中。

5．加工。

（1）转入自动加工模式，将G54参数中的Z值增大100mm，空运行程序，验证加工轨迹是否正确。若轨迹正确，将G54参数中的Z值改为原值，进行下一步操作。若不正确，对照图纸仔细检查程序对错，修改无误后，进行下一步操作。分析并记录程序出错原因。

（2）采用单段方式进行试切加工，并在加工过程中密切观察加工状态，如有异常现场及时停机检查。分析并记录异常原因。

（3）加工完毕后，检测零件加工尺寸是否符合图样要求。若合格，将工件卸下。若不合格，根据加工余量情况，确定是否进行修整加工。能修整的修整加工至图样要求。不能修整的，详细分析记录报废的原因并给出修改措施。请将加工过程中遇到的问题记录到附表7。

三、根据零件加工情况，比较实际工时与计划工时，分析如何提高工作效率

四、机床保养、清理场地

加工完毕后，按照图样要求进行自检，正确放置零件，并进行产品交接确认；按照国家环保相关规定和车间要求整理现场，清扫切屑，保养机床，并正确处置废油液等废弃物，按车间规定填写交接班记录和设备日常保养记录卡。

学习活动5　零件检测与质量分析

学习目标

1. 能根据图样，合理选择检验工具和量具，确定检测方法。
2. 能根据零件的测量结果，分析误差产生的原因。
3. 能正确规范地使用工、量具，并对其进行合理保养和维护。
4. 能按检验室管理要求，正确放置检验工、量具。

学习地点

数控加工车间。

学习过程

一、领取检测用工、量具

由于圆弧形状的特殊性，常用半径规来检测加工质量，还需要千分尺和深度尺等工具。

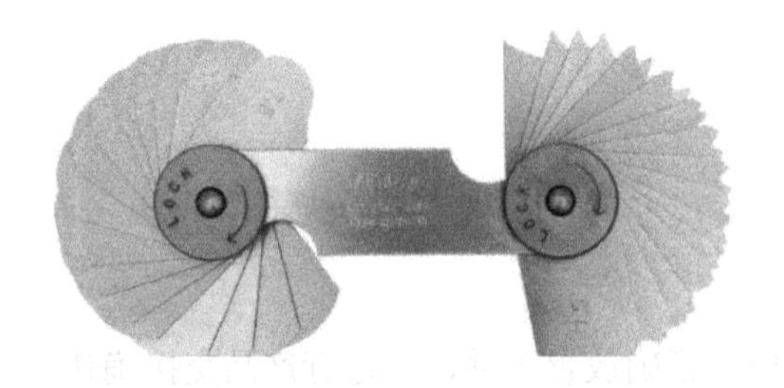

图4-3　半径规

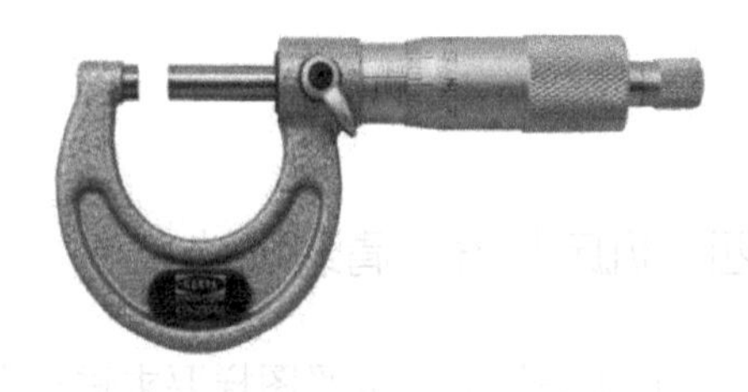

图4-4　千分尺

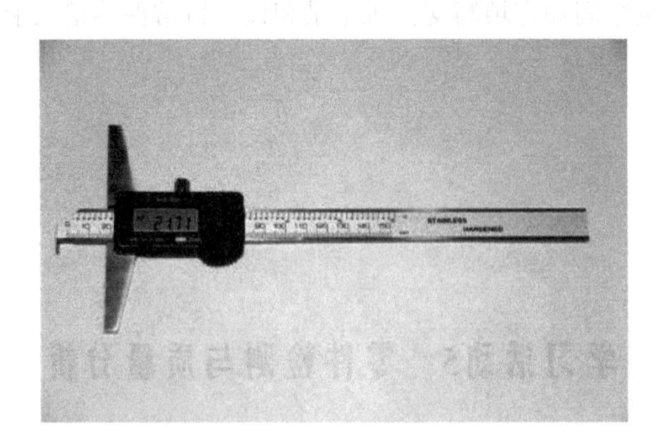

图4-5　深度尺

二、检测工件并出具检测报告

三、展示工件的不合格情况并进行质量分析

产生不合格品的情况分析：

废品种类	产生原因	预防措施

学习活动6　工作总结、评价与反馈

学习目标

1. 能按分组情况，分别派代表阐述学习过程，说明本次任务的完成情况，并分析总结。

2. 能就本次任务中出现的问题，提出改进措施。

3. 能对学习与工作进行反思总结，并能与他人开展良好合作，进行有效的沟通。

学习地点

数控加工车间。

学习过程

工作总结是整个工作过程的一种体会、一种分享、一种积累。它可以充分检查你在整个制作过程中的点点滴滴，有技能的，也有情感的，有艰辛的尝试更有成功的喜悦，还有很多很多，但是我们更注重的是这个过程中你的进步，好好总结并与老师、同学分享你的感悟吧！

1. 各加工小组总结外轮廓零件的加工过程，完成工作总结报告，并向全体师生汇报。

各加工小组以小组形式，可以通过演示文稿、展板、海报、录像等内容展示小组镂空外轮廓零件的数控加工的工作过程，总结小组成员在本任务实施中专业知识

技能、关键能力、职业能力的提升，积累的经验，遇到的问题，解决的方法等等。

2. 学生根据本任务完成过程中的学习情况，进行小组自评、互评。

3. 教师根据学生在本学习任务过程中的表现情况，进行总结、点评。

任务名称：______________ 组名：__________ 姓名：___________

自我总结报告

____
____
____
____
____
____
____
____
____
____
____
____
____
____
____
____
____
____

附表2　小组分工

姓名	职责	姓名	职责

附表3　刀具卡

工步	加工内容	刀具				
		刀具类型	刀具直径/mm	主轴转速/mm/min	进给速度/mm/min	背吃刀量/mm

附表4　工量具清单

序号	工量具名称	规格	数量	用途
1				
2				
3				
4				
5				
6				
7				
8				
领取人			组别	

附表5 ________加工工艺卡

<table>
<tr><td colspan="2" rowspan="2">（单位名称）</td><td rowspan="2">加工工艺卡</td><td>产品名称</td><td colspan="2"></td><td>图号</td><td colspan="2"></td></tr>
<tr><td>零件名称</td><td colspan="2"></td><td>数量</td><td></td><td>第 页</td></tr>
<tr><td>材料种类</td><td></td><td>材料成分</td><td></td><td colspan="2">毛坯尺寸</td><td colspan="2"></td><td>共 页</td></tr>
<tr><td>工序号</td><td colspan="3">工序内容</td><td>车间</td><td>设备</td><td>夹具</td><td>量具</td><td>刃具</td></tr>
<tr><td></td><td colspan="3"></td><td></td><td></td><td></td><td></td><td></td></tr>
<tr><td></td><td colspan="3"></td><td></td><td></td><td></td><td></td><td></td></tr>
<tr><td></td><td colspan="3"></td><td></td><td></td><td></td><td></td><td></td></tr>
<tr><td></td><td colspan="3"></td><td></td><td></td><td></td><td></td><td></td></tr>
<tr><td></td><td colspan="3"></td><td></td><td></td><td></td><td></td><td></td></tr>
<tr><td></td><td colspan="3"></td><td></td><td></td><td></td><td></td><td></td></tr>
<tr><td></td><td colspan="3"></td><td></td><td></td><td></td><td></td><td></td></tr>
<tr><td></td><td colspan="3"></td><td></td><td></td><td></td><td></td><td></td></tr>
<tr><td></td><td colspan="3"></td><td></td><td></td><td></td><td></td><td></td></tr>
<tr><td></td><td colspan="3"></td><td></td><td></td><td></td><td></td><td></td></tr>
<tr><td></td><td colspan="3"></td><td></td><td></td><td></td><td></td><td></td></tr>
<tr><td></td><td colspan="3"></td><td></td><td></td><td></td><td></td><td></td></tr>
<tr><td></td><td colspan="3"></td><td></td><td></td><td></td><td></td><td></td></tr>
<tr><td></td><td colspan="3"></td><td></td><td></td><td></td><td></td><td></td></tr>
<tr><td></td><td colspan="3"></td><td></td><td></td><td></td><td></td><td></td></tr>
<tr><td></td><td colspan="3"></td><td></td><td></td><td></td><td></td><td></td></tr>
<tr><td></td><td colspan="3"></td><td></td><td></td><td></td><td></td><td></td></tr>
<tr><td></td><td colspan="3"></td><td></td><td></td><td></td><td></td><td></td></tr>
</table>

组别：

附表6　仿真加工问题清单

组别：

问题	改进方法

附表7　机床加工问题清单

组别：

问题	改进方法

附表8 ______评分表

班级______________ 姓名________________ 工件编号________

项目	序号	考核要求	配分	评分标准	实际尺寸	得分
	1					
	2					
	3					
	4					
	5					
	6					
	7					
	8					
	9					
	10					
	11					
	12					
	13					
	14					
	15					
	16					
	17					
	18					
	19					
	20					
总配分			100			

学习任务五　内轮廓零件的数控加工

学习目标

➢ 知识目标

1．能正确识读和绘制内轮廓零件图样。

2．能分析内轮廓零件的加工工艺，并正确填写内轮廓零件数控加工工艺卡。

3．能正确编制内轮廓零件加工程序。

➢ 能力目标

1．能正确熟练应用机床仿真软件各项功能，模拟数控铣床操作，完成内轮廓零件的模拟加工。

2．能根据零件图样合理选择刀具及切削用量。

3．能正确根据加工要求，正确操作数控机床，完成内轮廓零件的加工。

➢ 素养目标

1．能按照产品工艺流程和车间要求，进行产品交接并规范填写交接班记录。

2．能严格按照7S车间管理规定，正确规范地保养数控铣床。

3．能完成零件的检测，并根据检测结果分析误差产生的原因。

4．能主动查询有效信息，展示工作成果，对学习与工作进行反思总结，并能与他人开展良好合作，进行有效沟通。

学习地点

数控加工车间。

学习活动1　接单、明确任务要求

学习目标

1．能正确识读和绘制内轮廓零件图样。

2．能正确阅读生产任务单，明确工作任务。

学习地点

数控加工车间。

一、工作情景描述

某企业定制一批模具定位板，数量30件，来料加工，材料为45钢，毛坯尺寸 ϕ100mm×41mm，位置精度要求严格，交货期为5天，现任务已下达至我系，由我实习班进行分组加工。

图纸如下：

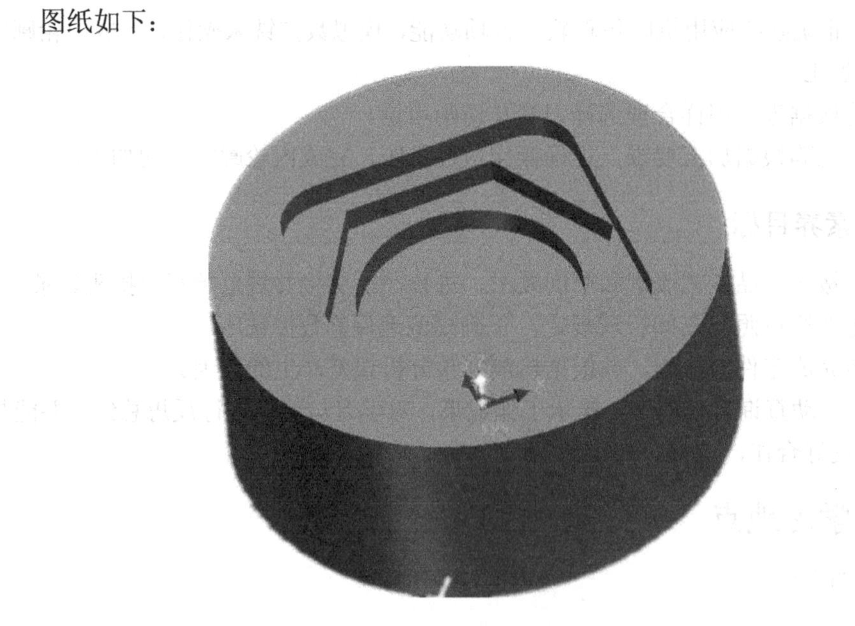

图5-1　内轮廓零件加工图三

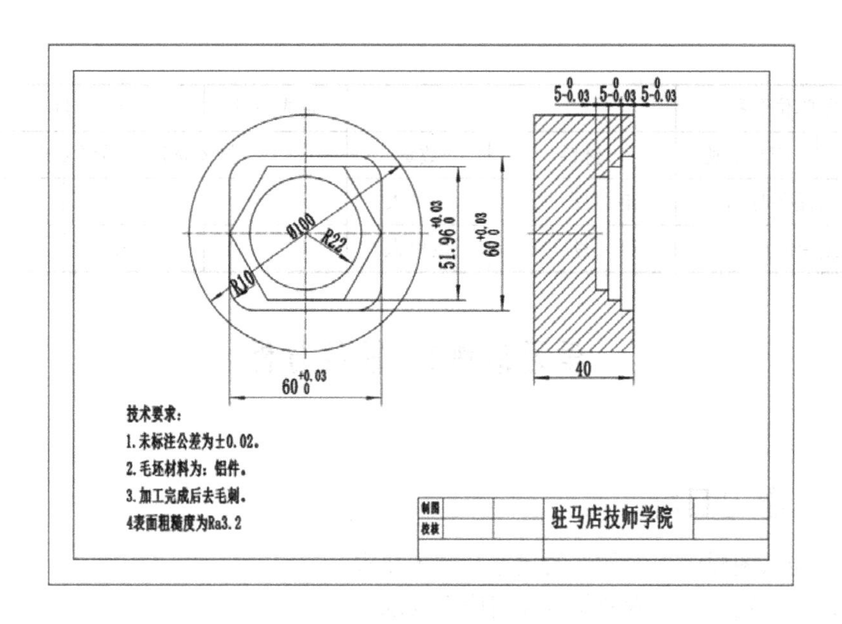

图5-2　内轮廓零件加工图

二、引导问题

1．本生产任务需要加工的零件名称为________；加工数量_______；生产周期______。

2．零件材料分析：该产品所用的材料为_______。此牌号的含义_________。

3．该材料有什么样的性能？

三、接单

领取生产任务单、加工图样，明确本次加工任务的内容。

生产任务单

需方单位名称				完成日期	年　月　日	
序号	产品名称	材料	数量	技术标准、质量要求		
生产批准时间		年　月　日	批准人			

续表

需方单位名称				完成日期	年　月　日	
序号	产品名称	材料	数量	技术标准、质量要求		
通知任务时间		年　月　日	发单人			
接单时间		年　月　日	接单人		生产班组	

学习活动2　任务分析

学习目标

1．能从图样中识读零件的尺寸、技术要求。

2．能确定加工要素的位置及精度等要求。

3．能正确选取刀具及切削参数。

学习地点

数控加工车间。

学习过程

1．60±0.03的最大极限尺寸是__________，最小极限尺寸是__________。

2. 内轮廓零件加工相比较于外轮廓加工有__________________________________的特点，内轮廓加工选取刀具应当根据参考_____________。

3．根据零件结构要素和零件材料分析，确定加工所需的刀具及量具。

刀具名称	类型	量具名称	类型

4．根据所选用的刀具，设计加工路线图。

5．确定切削用量

粗加工切削用量：

精加工切削用量：

6．内轮廓下刀点有别于外轮廓下刀点，外轮廓下刀只需在轮廓外即可，而内轮廓下刀需要注意轮廓内部结构，因此我们一般将内轮廓下刀点选择在____________________。

7．内轮廓的下刀方式有哪些？

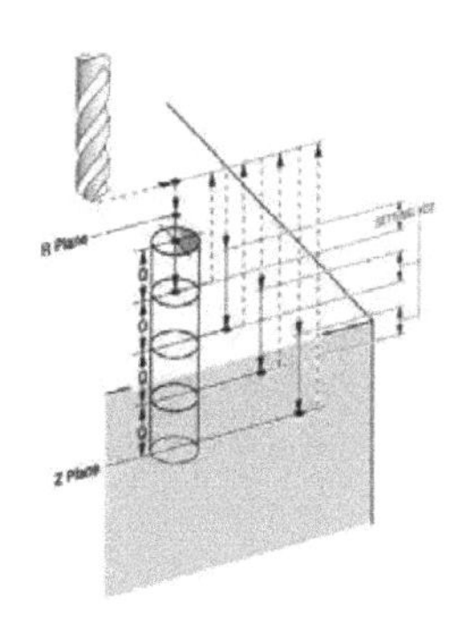

8．G83指令有何用途？

G83 X_ Y_ Z_ R_ Q_ F_

深孔加工会因为钻头的切削刃无法及时地冷却、润滑而过快地磨损，孔内的切屑也会因为深度的关系难以及时排出，如果排屑槽内的切屑阻挡了冷却液，不仅会大大降低刀具的寿命，切屑还会因为二次切削而使得加工孔的内壁更粗糙，从而进一步造成恶性循环。

如果每钻削一小段距离——Q就让刀具抬升到参考高度——R，在靠近孔底加工时可能比较适用，但是在加工孔的前半部分时就会因此而花费大量的时间，这就造成了不必要的浪费。

学习活动3 制订实施计划

学习目标

1. 能选择加工刀具与刀具切削参数。
2. 能制定加工工艺，填写工序卡片。
3. 能分析如何保证加工精度。
4. 根据各小组展示的加工工艺过程，完善自己的加工工艺。

学习地点

数控加工车间。

1. 请写出完成本任务的整个工作流程步骤。

2. 小组成员分工。（见附表2）
3. 填写刀具卡。（见附表3）
4. 列出工量具清单。（见附表4）
5. 合理拟定零件加工的工艺路线，根据工艺路线和刀具表，填写数控加工工艺卡。（见附表5）

学习活动4　任务实施

学习目标

1．能根据现场条件，查阅相关资料，确定符合加工技术要求的工、量、夹具和辅件。

2．能熟练应用机床仿真软件完成模拟加工。

3．能正确选择本次任务要用的切削液。

4．能正确装夹工件，并对其进行找正。

5．能正确规范地装夹立铣刀等刀具。

6．能严格根据车间管理规定，正确规范地操作数控铣床。

7．能准确运用量具进行测量，根据测量结果调整加工参数。

8．能在教师的引导下解决加工中出现的常见的问题。

9．能按车间现场7S管理规定，正确放置零件，整理现场。

10．能按国家环保相关规定和车间要求，正确处置废油液等废弃物。

11．能严格按照车间管理规定，正确规范地保养数控机床。

学习地点

数控加工车间。

学习过程

一、模拟与仿真加工

1．说明在仿真加工中刀具参数的设置：

根据刀具直径，转速、切削深度、背吃刀量等进行说明（考虑材质等因素）

2．在模拟加工中，观察仿真软件生成的刀具轨迹路径，是否符合加工要求，如不符合，记录到附表6，并在小组讨论中提出改进方法，以便提高加工质量和效率。

二、零件加工

（一）加工准备

1．根据附表1领取材料。

2．根据附表2、3领取刃具、工具、量具。

3．选择切削液。

根据加工对象及所用刀具，选择本次加工所用切削液，并记录切削液名称。

（二）加工过程

1．机床准备。

2．安装工件。

根据毛坯尺寸 ϕ100mm×41mm，并且毛坯件各面是已加工面，故选用装夹工件。装夹工件时，用________进行找正。

3．装夹刀具。

正确装夹刀具，确保刀具牢固可靠。

4．对刀。

使用寻边器对工件X、Y进行对刀；使用加工刀具和标准量块在机床内对工件上表面对刀，将工件坐标系相对于机床坐标系的*X*、*Y*、*Z*坐标值输入到G54相应的参数中。

5．加工。

（1）转入自动加工模式，将G54参数中的Z值增大100mm，空运行程序，验证加工轨迹是否正确。若轨迹正确，将G54参数中的Z值改为原值，进行下一步操作。若不正确，对照图纸仔细检查程序对错，修改无误后，进行下一步操作。分析并记录程序出错原因。

（2）采用单段方式进行试切加工，并在加工过程中密切观察加工状态，如有异常现场及时停机检查。分析并记录异常原因。

（3）加工完毕后，检测零件加工尺寸是否符合图样要求。若合格，将工件卸下。若不合格，根据加工余量情况，确定是否进行修整加工。能修整的修整加工至图样要求。不能修整的，详细分析记录报废的原因并给出修改措施。请将加工过程中遇到的问题记录到附表7。

三、根据零件加工情况，比较实际工时与计划工时，分析如何提高工作效率

四、机床保养、清理场地

加工完毕后，按照图样要求进行自检，正确放置零件，并进行产品交接确认;按照国家环保相关规定和车间要求整理现场，清扫切屑，保养机床，并正确处置废油液等废弃物，按车间规定填写交接班记录和设备日常保养记录卡。

学习活动5　零件检测与质量分析

学习目标

1．能根据图样，合理选择检验工具和量具，确定检测方法。
2．能根据零件的测量结果，分析误差产生的原因。
3．能正确规范地使用工、量具，并对其进行合理保养和维护。
4．能按检验室管理要求，正确放置检验工、量具。

学习地点

数控加工车间。

一、领取检测用工、量具

内径尺寸精度要求较低时，可采用游标卡尺进行测量；当精度要求较高时，可以用以下几种量具进行测量。

图5-1　内径百分表　　图5-2　内测千分尺

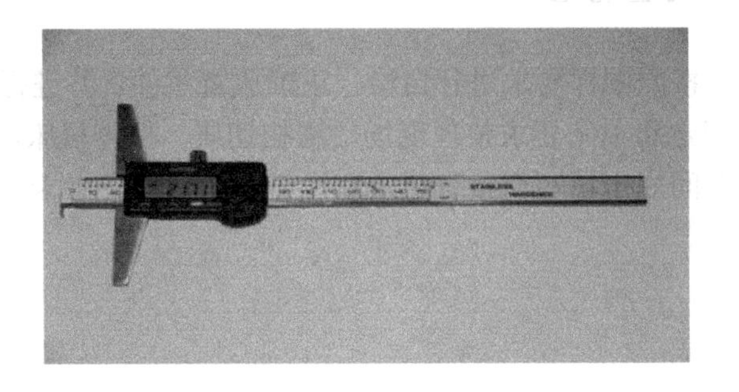

图5-3　深度尺

二、检测工件并出具检测报告

三、展示工件的不合格情况并进行质量分析

产生不合格品的情况分析：

废品种类	产生原因	预防措施

学习活动6　工作总结、评价与反馈

学习目标

1. 能按分组情况，分别派代表阐述学习过程，说明本次任务的完成情况，并分析总结。

2. 能就本次任务中出现的问题，提出改进措施。

3. 能对学习与工作进行反思总结，并能与他人开展良好合作，进行有效的沟通。

学习地点

数控加工车间。

学习过程

工作总结是整个工作过程的一种体会、一种分享、一种积累。它可以充分检查你在整个制作过程中的点点滴滴，有技能的，也有情感的，有艰辛的尝试更有成功的喜悦，还有很多很多，但是我们更注重的是这个过程中你的进步，好好总结并与老师、同学分享你的感悟吧！

1. 各加工小组总结内轮廓零件的加工过程，完成工作总结报告，并向全体师生汇报。

各加工小组以小组形式，可以通过演示文稿、展板、海报、录像等内容展示小组内轮廓零件的数控加工的工作过程，总结小组成员在本任务实施中专业知识技能、关键能力、职业能力的提升，积累的经验，遇到的问题，解决的方法等等。

2．学生根据本任务完成过程中的学习情况，进行小组自评、互评。

3．教师根据学生在本学习任务过程中的表现情况，进行总结、点评。

任务名称：________________ 组名：__________ 姓名：__________

自我总结报告

____
____
____
____
____
____
____
____
____
____
____
____
____
____
____
____
____
____

附表2　小组分工

姓名	职责	姓名	职责

附表3　刀具卡

工步	加工内容	刀具				
		刀具类型	刀具直径/mm	主轴转速/mm/min	进给速度/mm/min	背吃刀量/mm

附表4　工量具清单

序号	工量具名称	规格	数量	用途
1				
2				
3				
4				
5				
6				
7				
领取人			组别	

附表5　加工工艺卡

<table>
<tr><td colspan="2" rowspan="2">（单位名称）</td><td rowspan="2">加工工艺卡</td><td>产品名称</td><td colspan="2"></td><td colspan="2">图号</td><td colspan="2"></td></tr>
<tr><td>零件名称</td><td colspan="2"></td><td colspan="2">数量</td><td></td><td>第
页</td></tr>
<tr><td>材料种
类</td><td></td><td>材料成分</td><td></td><td colspan="2">毛坯尺寸</td><td colspan="3"></td><td>共
页</td></tr>
<tr><td>工序号</td><td colspan="3">工序内容</td><td>车间</td><td>设备</td><td>夹具</td><td colspan="2">量具</td><td>刃具</td></tr>
<tr><td></td><td colspan="3"></td><td></td><td></td><td></td><td colspan="2"></td><td></td></tr>
<tr><td></td><td colspan="3"></td><td></td><td></td><td></td><td colspan="2"></td><td></td></tr>
<tr><td></td><td colspan="3"></td><td></td><td></td><td></td><td colspan="2"></td><td></td></tr>
<tr><td></td><td colspan="3"></td><td></td><td></td><td></td><td colspan="2"></td><td></td></tr>
<tr><td></td><td colspan="3"></td><td></td><td></td><td></td><td colspan="2"></td><td></td></tr>
<tr><td></td><td colspan="3"></td><td></td><td></td><td></td><td colspan="2"></td><td></td></tr>
<tr><td></td><td colspan="3"></td><td></td><td></td><td></td><td colspan="2"></td><td></td></tr>
<tr><td></td><td colspan="3"></td><td></td><td></td><td></td><td colspan="2"></td><td></td></tr>
<tr><td></td><td colspan="3"></td><td></td><td></td><td></td><td colspan="2"></td><td></td></tr>
<tr><td></td><td colspan="3"></td><td></td><td></td><td></td><td colspan="2"></td><td></td></tr>
<tr><td></td><td colspan="3"></td><td></td><td></td><td></td><td colspan="2"></td><td></td></tr>
<tr><td></td><td colspan="3"></td><td></td><td></td><td></td><td colspan="2"></td><td></td></tr>
<tr><td></td><td colspan="3"></td><td></td><td></td><td></td><td colspan="2"></td><td></td></tr>
<tr><td></td><td colspan="3"></td><td></td><td></td><td></td><td colspan="2"></td><td></td></tr>
<tr><td></td><td colspan="3"></td><td></td><td></td><td></td><td colspan="2"></td><td></td></tr>
<tr><td></td><td colspan="3"></td><td></td><td></td><td></td><td colspan="2"></td><td></td></tr>
<tr><td></td><td colspan="3"></td><td></td><td></td><td></td><td colspan="2"></td><td></td></tr>
<tr><td></td><td colspan="3"></td><td></td><td></td><td></td><td colspan="2"></td><td></td></tr>
</table>

组别：

附表6　仿真加工问题清单

组别：

问题	改进方法

附表7　机床加工问题清单

组别：

问题	改进方法

附表8 ________评分表

班级______________ 姓名________________ 工件编号__________

项目	序号	考核要求	配分	评分标准	实际尺寸	得分
	1					
	2					
	3					
	4					
	5					
	6					
	7					
	8					
	9					
	10					
	11					
	12					
	13					
	14					
	15					
	16					
	17					
	18					
	19					
	20					
总配分			100			

学习任务六　砚台的数控铣加工

学习目标

➢ 知识目标

1．能正确识读零件图样。
2．能应用三角函数知识计算凸台零件图样中的基点坐标。
3．能分析砚台的加工工艺，并正确填写加工工艺卡。
4．能正确编写加工计划。

➢ 能力目标

1．能熟练应用仿真软件完成砚台的模拟加工。
2．能正确选择安装工件和刀具，并进行数控铣刀的对刀。
3．能正确编制零件加工工艺卡片，并绘制刀具路径图。
4．能正确运用编程指令，按照程序格式要求编制加工程序。
5．能熟练应用仿真软件各项功能，模拟数控铣床操作，完成零件模拟加工。
6．能根据加工要求，正确操作数控铣床，完成砚台的加工。

➢ 素养目标

1．能遵守机房各项管理规定，并规范使用计算机。
2．能按照产品工艺流程和车间要求，进行产品交接并规范填写交接班记录。
3．能严格按照7S车间管理规定，正确规范地保养数控铣床。
4．能完成零件的检测，并根据检测结果分析误差产生的原因。
5．能主动查询有效信息，展示工作成果，对学习与工作进行反思总结，并能与他人开展良好合作，进行有效沟通。

学习地点

数控加工车间。

学习活动1　接单、明确任务要求（6课时）

学习目标

1. 能正确阅读生产任务单，明确工作任务。
2. 能正确识读绘制零件图。

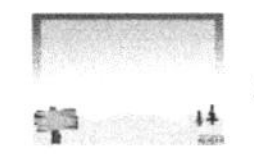

学习地点

数控加工车间。

一、工作情景描述

天猫某文具店有个订单，要求生产一批砚台，设置生产量为30件。材料为铝，企业给的经费为3000元。该零件加工精度要求比较高。现我院将该任务交给我们班，请大家思考各项因素是否接下该任务。现在我们以团队协作的方式，每组完成6件。周期为5天，送检合格后投入批量生产，月产量为1500件。

二、接受任务

领取生产任务单、加工图样，明确本次加工任务的内容。

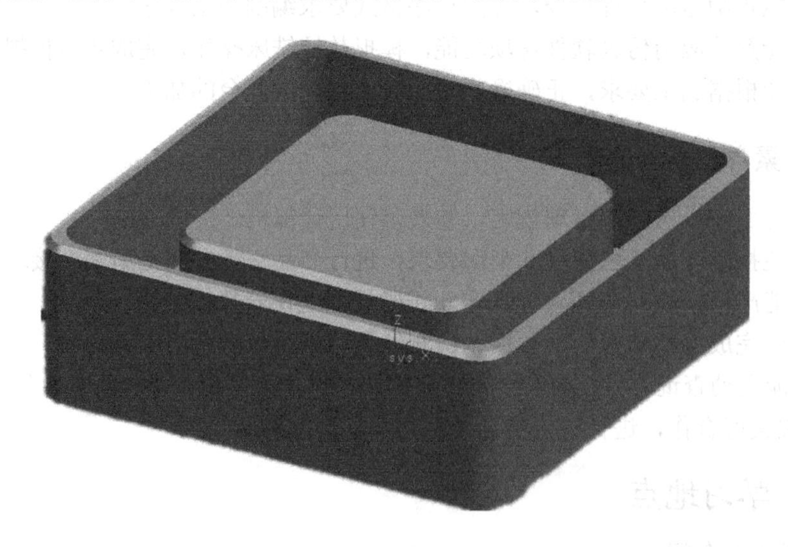

图6-1　砚台外观

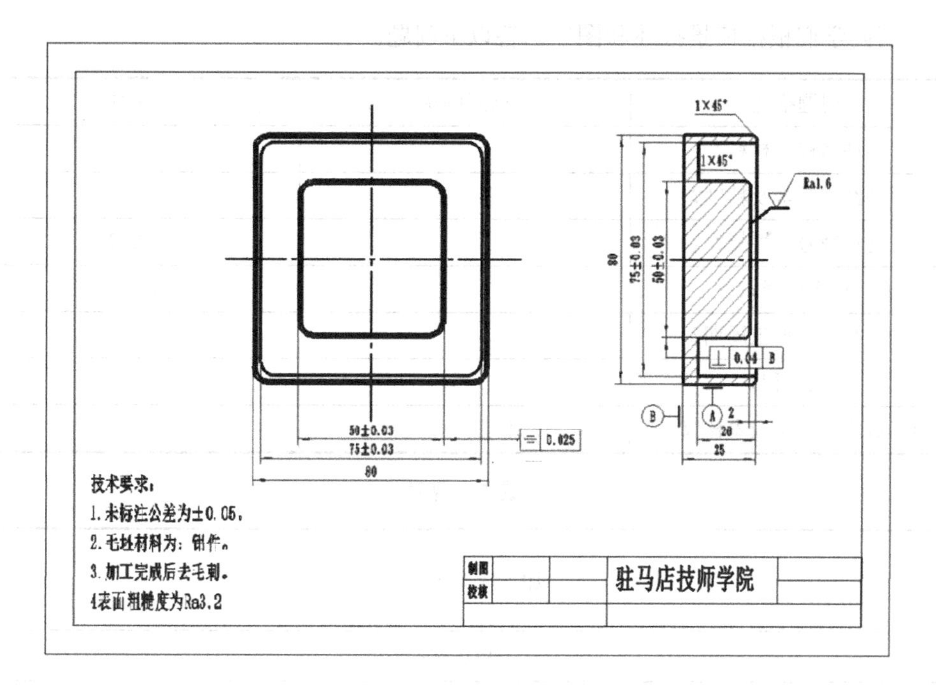

图6-2　砚台外观图纸

生产任务单

需方单位名称				完成日期	年　　月　　日	
序号	产品名称	材料	数量	技术标准、质量要求		
生产批准时间		年　月　日	批准人			
通知任务时间		年　月　日	发单人			
接单时间		年　月　日	接单人		生产小组	

请同学们根据情景描述和图纸回答以下问题。

问题描述	问题解决	备注
零件名称、材料？		
零件结构要素及精度？		
材料牌号及性能？		2A12
机床选择？		
加工数量、加工周期？		
工艺流程？		
材料成本及加工成本核算？	附表（一）	

成本核算表

加工成本核算表											
产品名称：											
材料费	材料牌号	类型	毛坯尺寸/mm			密度/k g/m^{-3}	数量	质量/k g	单价/元/ k g	金额/元	小计/元
			长（直径）	宽	高（长度）						
加工费	设备		工时/h	单价	金额/元	设备		工时/h	单价	金额/元	小计/元
	1	数车				3	普车				
	2	数铣				4	普铣				
总成本											

学习活动2　任务分析（10课时）

学习目标

1. 能从图样中识读零件的外形、尺寸、技术要求。
2. 能确定加工要素的位置及精度等要求。
3. 能利用绝对坐标系进行分析和加工。

4．能正确选取刀具。

5．能正确使用加工指令。

学习地点

数控加工车间培训室。

学习过程

1．小组讨论，填写以下表格。

主要尺寸	最大极限尺寸	最小极限尺寸	公差	备注

2．查阅资料，阐述绝对坐标系与相对坐标系的区别。

3．描述对刀过程。

4．G02、G03两种编程指令的格式。

G02：________________

G03：________________

5．根据圆弧顺逆的判断方法，判断下图各平面中圆弧的顺逆。

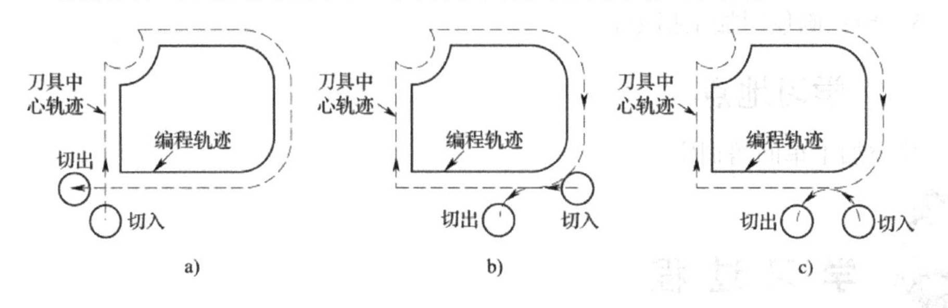

6．刀具半径补偿的目的是什么？刀具半径补偿指令有哪些？

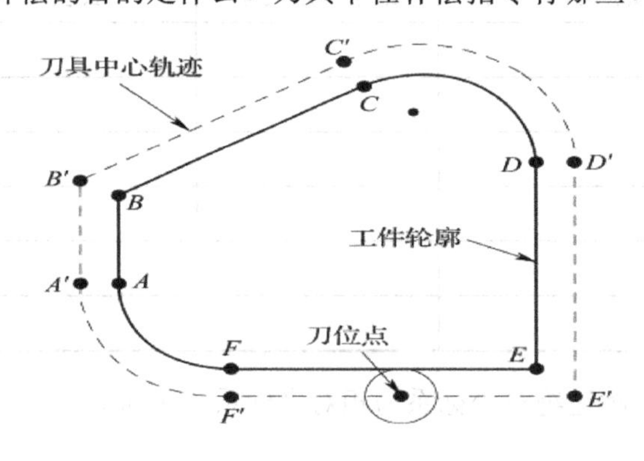

7．看右图，描述分层铣削的刀具轨迹。

本工件加过程，z向切削深度为____mm，如何分层切削?

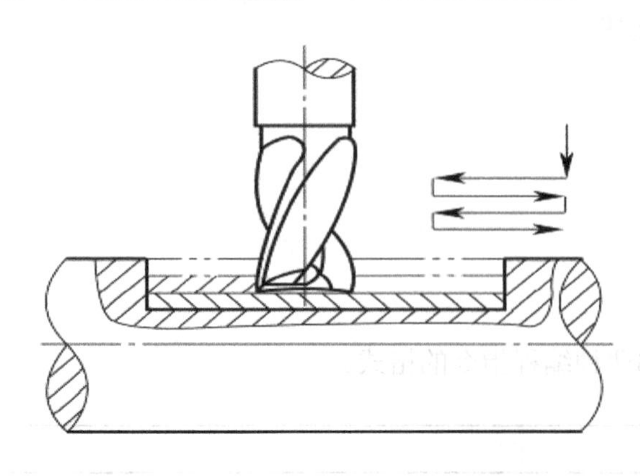

8．G43、G44、G49是什么指令？如何区分G43和G44指令？

9．看图，计算图中8个基点的坐标是多少并写明计算过程。

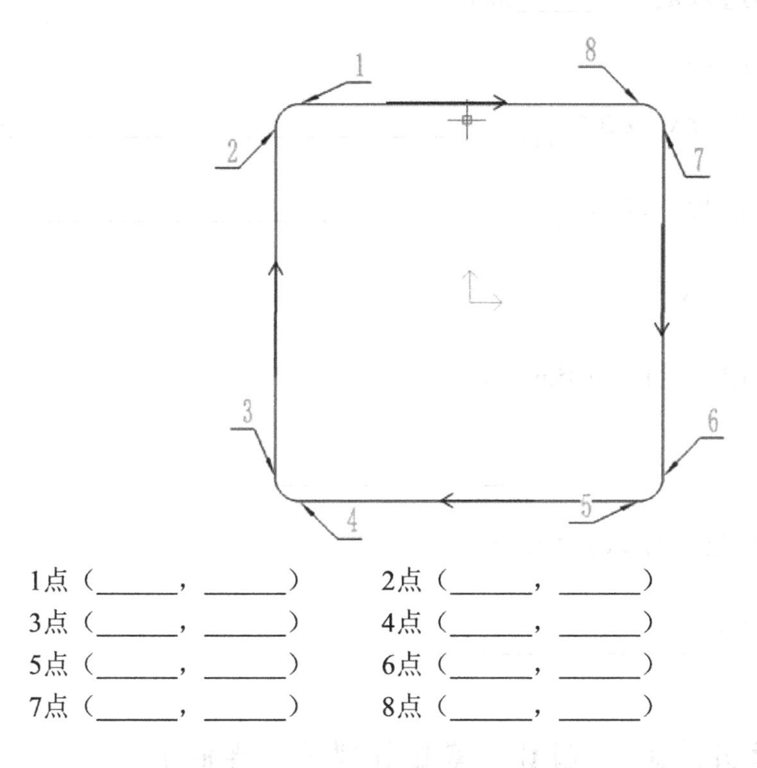

1点（______，______）　　2点（______，______）
3点（______，______）　　4点（______，______）
5点（______，______）　　6点（______，______）
7点（______，______）　　8点（______，______）

10．根据图纸，分析需要选用哪些车刀及车刀材料。

	序号1	序号2	序号3	序号4	序号5
刀具					
材料					

11．分析图中标注的基点坐标值，做好编程准备工作。

坐标点		1	2	3	4
坐标	x				
	z				

12．确定切削用量

（1）背吃刀量（a_p）

粗加工背吃刀量取 a_p =________mm；

精加工背吃刀量取 a_p =________mm。

（2）主轴转速（n）

粗加工时切削速度 v_c 取 $30\,m/min$，n=______________________________；

粗加工时切削速度 v_c 取 $40\,m/min$，n=______________________________。

（3）进给速度（V_f）

粗加工时每齿进给量 f_z 取0.05mm/z，

$v_f = f_z \times z \times n =$ ______________________________；

精加工时每齿进给量 f_z 取0.04mm/z，

$v_f = f_z \times z \times n =$ ______________________________。

学习活动3　制订、实施计划（10课时）

学习目标

1．能选择加工刀具与刀具切削参数。
2．能制定加工工艺，填写工序卡片。
3．能分析如何保证加工精度。
4．根据各小组展示的加工工艺过程，完善自己的加工工艺。

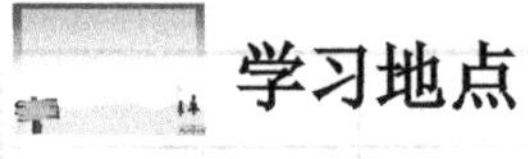

学习地点

数控加工车间。

学习过程

1．请写出完成本任务的整个工作流程步骤。

2．小组成员分工。

序号	姓名	工作内容	备注
1			
2			
3			
4			
5			
6			

3．根据下图认识铣削刀具，以下哪些刀具可用于本工件的加工？说明选用刀具所加工的零件部位。

4．看下图，讨论本项活动需要用到哪些量具，并列出工量具清单。

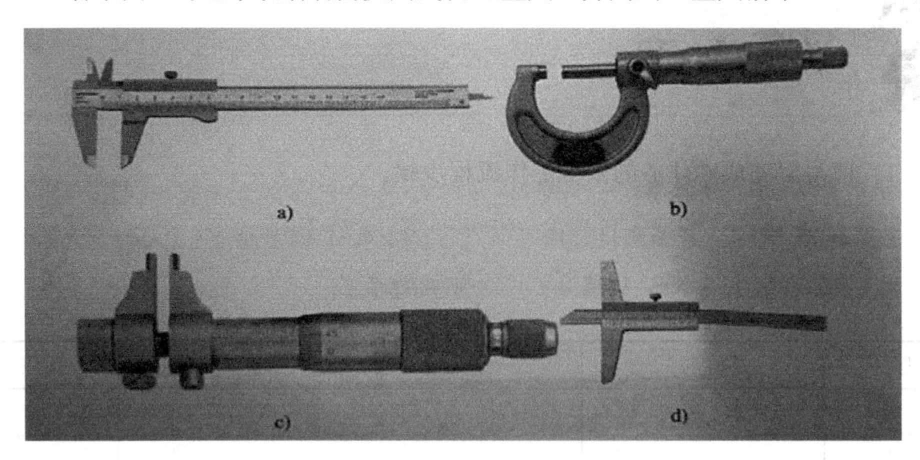

工量具清单表

序号	工量具名称	规格	数量	用途
1				
2				
3				
4				
5				
6				
7				
8				
领取人			组别	

5．合理拟定零件加工的工艺路线，根据工艺路线和刀具表，填写数控加工工艺卡。

____________加工工艺卡

<table>
<tr><td colspan="2" rowspan="2">（单位名称）</td><td rowspan="2">加工工艺卡</td><td>产品名称</td><td colspan="2"></td><td colspan="2">图号</td><td colspan="2"></td></tr>
<tr><td>零件名称</td><td colspan="2"></td><td colspan="2">数量</td><td></td><td>第
页</td></tr>
<tr><td>材料种类</td><td></td><td>材料成分</td><td></td><td colspan="2">毛坯尺寸</td><td colspan="3"></td><td>共
页</td></tr>
<tr><td>工序号</td><td colspan="3">工序内容</td><td>车间</td><td>设备</td><td>夹具</td><td colspan="2">量具</td><td>刀具</td></tr>
<tr><td></td><td colspan="3"></td><td></td><td></td><td></td><td colspan="2"></td><td></td></tr>
<tr><td></td><td colspan="3"></td><td></td><td></td><td></td><td colspan="2"></td><td></td></tr>
</table>

续表

<table>
<tr><td colspan="2" rowspan="2">（单位名称）</td><td rowspan="2">加工工艺卡</td><td>产品名称</td><td colspan="2"></td><td colspan="2">图号</td><td colspan="2"></td></tr>
<tr><td>零件名称</td><td colspan="2"></td><td colspan="2">数量</td><td></td><td>第
页</td></tr>
<tr><td>材料种类</td><td></td><td>材料成分</td><td></td><td colspan="2">毛坯尺寸</td><td colspan="3"></td><td>共
页</td></tr>
<tr><td>工序号</td><td colspan="3">工序内容</td><td>车间</td><td>设备</td><td>夹具</td><td colspan="2">量具</td><td>刃具</td></tr>
<tr><td></td><td colspan="3"></td><td></td><td></td><td></td><td colspan="2"></td><td></td></tr>
<tr><td></td><td colspan="3"></td><td></td><td></td><td></td><td colspan="2"></td><td></td></tr>
<tr><td></td><td colspan="3"></td><td></td><td></td><td></td><td colspan="2"></td><td></td></tr>
<tr><td></td><td colspan="3"></td><td></td><td></td><td></td><td colspan="2"></td><td></td></tr>
<tr><td></td><td colspan="3"></td><td></td><td></td><td></td><td colspan="2"></td><td></td></tr>
<tr><td></td><td colspan="3"></td><td></td><td></td><td></td><td colspan="2"></td><td></td></tr>
<tr><td></td><td colspan="3"></td><td></td><td></td><td></td><td colspan="2"></td><td></td></tr>
<tr><td></td><td colspan="3"></td><td></td><td></td><td></td><td colspan="2"></td><td></td></tr>
<tr><td></td><td colspan="3"></td><td></td><td></td><td></td><td colspan="2"></td><td></td></tr>
</table>

学习活动4　砚台的模拟与加工（24课时）

学习目标

1．能熟练应用机床仿真软件完成模拟加工。

2．进一步熟悉机床的操作。

3．能按照工艺，加工符合图纸要求的零件。

4．在加工过程中，严格遵守安全操作规程，正确规范地使用数控机床。

5．根据切削状态调整切削用量，保证正常切削。

6．能准确运用量具进行测量，根据测量结果调整加工参数。

7．能按车间现场7S管理规定，正确放置零件，整理现场，正确规范地保养数控机床。

8．能按国家环保相关规定和车间要求，正确处置废油液等废弃物。

学习地点

数控加工车间。

学习过程

一、模拟与仿真加工

1．说明在仿真加工中刀具参数的设置。

2．在模拟加工中，观察仿真软件生成的刀具轨迹路径，是否符合加工要求，如不符合，记录到附表6，并在小组讨论中提出改进方法，以便提高加工质量和效率。

二、机床加工

（一）加工准备

1．根据附表1领取材料。
2．根据附表2、3领取刃具、工具、量具。

（二）加工过程

1．根据教师引导，记录加工过程步骤。

2．粗加工完毕后，根据测量结果，修改刀具补偿值，再进行精加工。若粗加工尺寸误差较大，分析并记录误差原因。

3．加工完毕后，检测零件加工尺寸是否符合图样要求。若合格，将工件卸下。若不合格，根据加工余量情况，确定是否进行修整加工。能修整的修整加工至图样要求。不能修整的，详细分析记录报废的原因并给出修改措施。请将加工过程中遇到的问题记录到附表7。

三、根据零件加工情况，比较实际工时与计划工时，分析如何提高工作效率

四、机床保养、清理场地

加工完毕后，按照图样要求进行自检，正确放置零件，并进行产品交接确认;按照国家环保相关规定和车间要求整理现场，清扫切屑，保养机床，并正确处置废油液等废弃物，按车间规定填写交接班记录和设备日常保养记录卡。

学习活动5　零件检测与质量分析（2课时）

学习目标

1. 能利用手机、幻灯片等展示自己的工件。
2. 能根据零件的测量结果，分析误差产生的原因。

学习地点

数控加工车间。

学习过程

1. 三坐标检测工件并出具检测报告。

2. 展示工件的不合格情况并进行质量分析。

产生不合格品的情况分析：

废品种类	产生原因	预防措施

学习活动6　工作总结、评价与反馈（4课时）

学习目标

1. 能按分组情况，分别派代表阐述学习过程，说明本次任务的完成情况，并分析总结。

2. 能就本次任务中出现的问题，提出改进措施。

3. 能对学习与工作进行反思总结，并能与他人开展良好合作，进行有效的沟通。

学习地点

数控加工车间。

学习过程

工作总结是整个工作过程的一种体会、一种分享、一种积累。它可以充分检查你在整个制作过程中的点点滴滴，有技能的，也有情感的，有艰辛的尝试更有成功的喜悦，还有很多很多，但是我们更注重的是这个过程中你的进步，好好总结并与老师、同学分享你的感悟吧！

1. 各加工小组总结砚台零件的加工过程，完成工作总结报告，并向全体师生汇报。

各加工小组以小组形式，可以通过演示文稿、展板、海报、录像等内容展示小组砚台零件的数控加工的工作过程，总结小组成员在本任务实施中专业知识技能、关键能力、职业能力的提升，积累的经验，遇到的问题，解决的方法等等。

2. 学生根据本任务完成过程中的学习情况，进行小组自评、互评。

3．教师根据学生在本学习任务过程中的表现情况，进行总结、点评。

任务名称：________________　组名：__________　姓名：________

自我总结报告

____

____

____

____

____

____

____

____

____

____

____

____

____

____

____

____

____

____

____

附表1　毛坯尺寸及材料成本核算

零件名称	材料	材料规格	单位	数量	成本核算
合计材料成本					
领取人			组别		

附表2　刀具及刀具参数清单

刀具序号	刀具名称	数量	加工内容
领取人			

附表3　工量具清单

序号	工量具名称	规格	数量	用途
1				
2				
3				
4				
5				
6				
7				
8				
领取人			组别	

附表4 ________________加工工艺卡

<table>
<tr><td colspan="2" rowspan="2">（单位名称）</td><td rowspan="2">加工工艺卡</td><td>产品名称</td><td colspan="2"></td><td>图号</td><td colspan="2"></td></tr>
<tr><td>零件名称</td><td colspan="2"></td><td>数量</td><td></td><td>第
页</td></tr>
<tr><td>材料种类</td><td></td><td>材料成分</td><td></td><td colspan="2">毛坯尺寸</td><td colspan="2"></td><td>共
页</td></tr>
<tr><td>工序号</td><td colspan="3">工序内容</td><td>车间</td><td>设备</td><td>夹具</td><td>量具</td><td>刀具</td></tr>
<tr><td></td><td colspan="3"></td><td></td><td></td><td></td><td></td><td></td></tr>
<tr><td></td><td colspan="3"></td><td></td><td></td><td></td><td></td><td></td></tr>
<tr><td></td><td colspan="3"></td><td></td><td></td><td></td><td></td><td></td></tr>
<tr><td></td><td colspan="3"></td><td></td><td></td><td></td><td></td><td></td></tr>
</table>

续表

（单位名称）		加工工艺卡	产品名称			图号		
			零件名称			数量		第 页
材料种类		材料成分		毛坯尺寸				共 页
工序号	工序内容			车间	设备	夹具	量具	刃具

附表5　小组分工

组别：

姓名	职责	姓名	职责

附表6　仿真加工问题清单

组别

问题	改进方法

附表7　机床加工问题清单

组别

问题	改进方法

学习任务七　端盖零件的数控加工

学习目标

➢ 能力目标

1．能正确熟练应用机床仿真软件各项功能，模拟数控铣床操作，完成端盖零件的模拟加工。

2．能根据零件图样合理选择刀具及切削用量。

3．能正确根据加工要求，正确操作数控机床，完成零件的加工。

➢ 素养目标

1．能按照产品工艺流程和车间要求，进行产品交接并规范填写交接班记录。

2．能严格按照7S车间管理规定，正确规范地保养数控铣床。

3．能完成零件的检测，并根据检测结果分析误差产生的原因。

4．能主动查询有效信息，展示工作成果，对学习与工作进行反思总结，并能与他人开展良好合作，进行有效沟通。

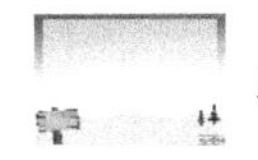

学习地点

数控加工车间。

学习活动1　接单、明确任务要求

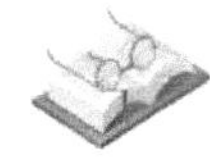

学习目标

1．能正确识读和绘制端盖零件图样。

2．能正确阅读生产任务单，明确工作任务。

学习地点

数控加工车间。

一、工作情景描述

某企业定制一批模具定位板，数量30件，来料加工，材料为45钢，毛坯尺寸80mm×80mm×15mm，位置精度要求严格，交货期为5天，现任务已下达至我系，由我实习班进行分组加工。

图纸如下：

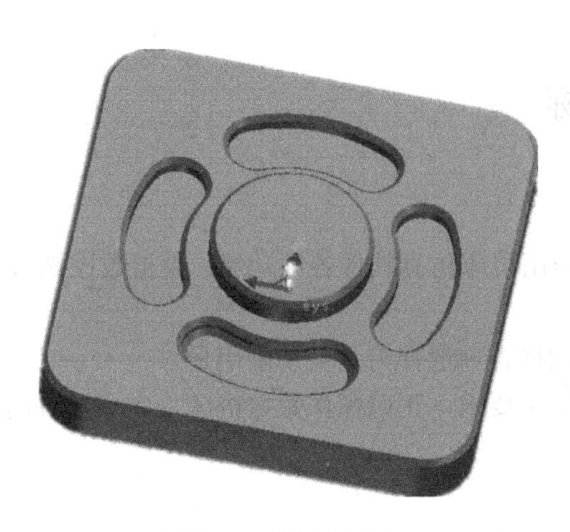

图7-1　端盖零件图

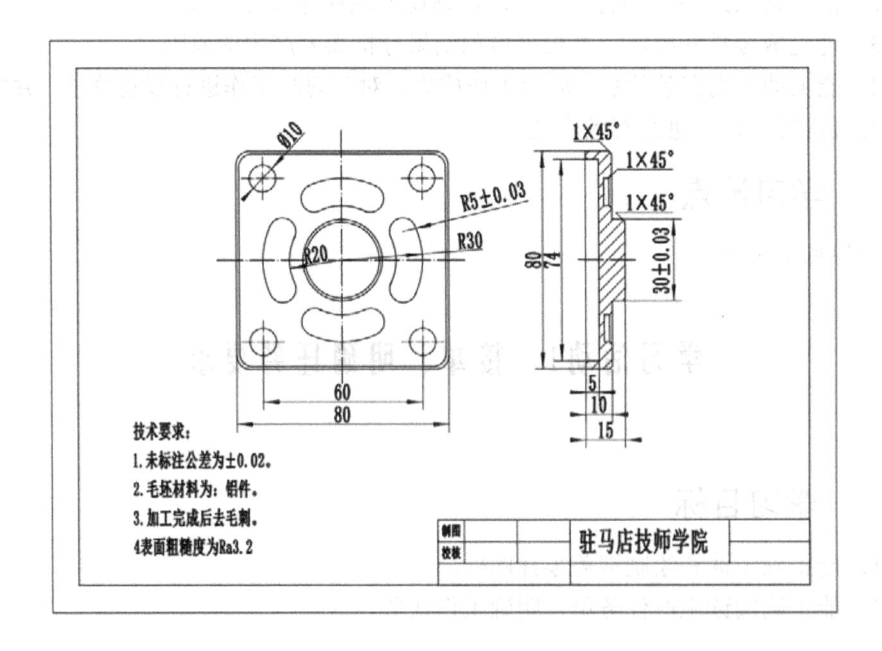

图7-2　端盖零件图纸

二、引导问题

1．本生产任务需要加工的零件名称为________；加工数量_______；生产周期_____。

2．零件材料分析

该产品所用的材料为_________。此牌号的含义__________________________。

3．该材料有什么样的性能？

三、接单

领取生产任务单、加工图样，明确本次加工任务的内容。

生产任务单

需方单位名称				完成日期	年　月　日	
序号	产品名称	材料	数量	技术标准、质量要求		
生产批准时间		年　月　日	批准人			
通知任务时间		年　月　日	发单人			
接单时间		年　月　日	接单人		生产班组	

学习活动2　任务分析

学习目标

1．能从图样中识读零件的尺寸、技术要求。

2．能确定加工要素的位置及精度等要求。

3．能正确选取刀具及切削参数。

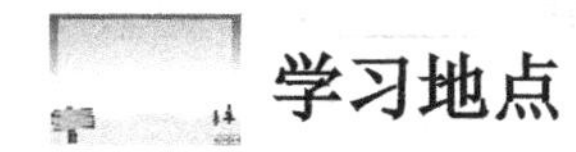

学习地点

数控加工车间。

学习过程

1．图纸上30±0.03mm的最大极限尺寸是＿＿＿＿＿＿，最小极限尺寸是＿＿＿＿＿，精度等级为＿＿＿级。

2．端盖零件加工的技术难点是什么？

3．孔的位置精度如何控制？

4．根据零件结构要素和零件材料分析，确定加工所需的刀具及量具。

刀具名称	类型	量具名称	类型

5．根据所选用的刀具，设计加工孔的路线图。

6．确定切削用量。

7．若中心钻钻孔时切削速度Vc取15m/min，则主轴转速n=＿＿＿＿＿，若加工时每转进给f_n取0.05mm/r，则进给速度F= ＿＿＿＿＿ 。

8．写出孔加工循环的通用编程格式，并解释各参数的含义。

9．初始平面与R平面有何不同？返回初始平面采用什么指令？返回R平面采用什么指令？

10．G81指令有何用途？写出其编程格式，并解释各参数的含义。

11．孔加工固定循环通常由六个动作组成，如下图所示，试说明各动作的内容。

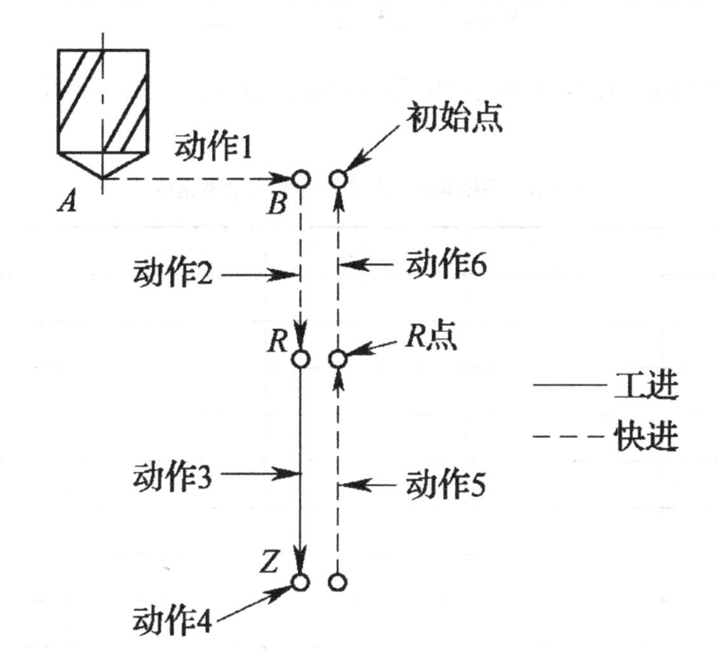

12．G73指令有何用途？写出其编程格式，并解释各参数的含义。

13．在下图中标出初始平面，R平面和孔底平面。孔加工的几个平面

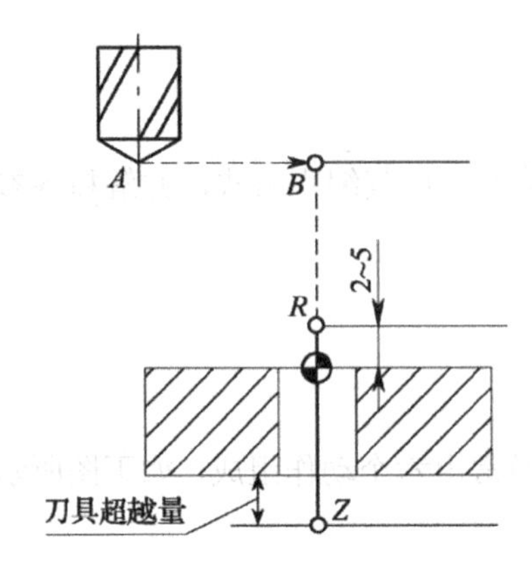

14．下表列出了FANUC系统常用孔加工固定循环功能指令，填写表中各指令的动作及其用途。

FANUC系统常用孔加工固定循环功能指令

G代码	加工动作	孔底部动作	退刀动作	用途
G73				
G74				
G76				
G80				
G81				
G82				
G83				
G84				
G85				
G86				
G87				
G88				
G89				

学习活动3　制订、实施计划

学习目标

1．能选择加工刀具与刀具切削参数。
2．能制定加工工艺，填写工序卡片。
3．能分析如何保证加工精度。
4．根据各小组展示的加工工艺过程，完善自己的加工工艺。

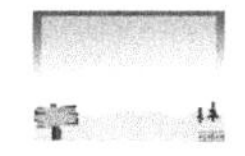

学习地点

数控加工车间。

1．请写出完成本任务的整个工作流程步骤。

2．小组成员分工。（见附表2）

3．填写刀具卡。（见附表3）

4．列出工量具清单。（见附表4）

5．合理拟定零件加工的工艺路线，根据工艺路线和刀具表，填写数控加工工艺卡。（见附表5）

学习活动4 任务实施

学习目标

1．能根据现场条件，查阅相关资料，确定符合加工技术要求的工、量、夹具和辅件。

2．能熟练应用机床仿真软件完成模拟加工。

3．能正确选择本次任务要用的切削液。

4．能正确装夹工件，并对其进行找正。

5．能正确规范地装夹中心钻、麻花钻、扩孔钻等刀具。

6．能严格根据车间管理规定，正确规范地操作数控铣床。

7．能准确运用量具进行测量，根据测量结果调整加工参数。

8．能在教师的引导下解决加工中出现的常见的问题。

9．能按车间现场7S管理规定，正确放置零件，整理现场。

10．能按国家环保相关规定和车间要求，正确处置废油液等废弃物。

11．能严格按照车间管理规定，正确规范地保养数控机床。

学习地点

数控加工车间。

学习过程

一、模拟与仿真加工

1．说明在仿真加工中刀具参数的设置。

2．在模拟加工中，观察仿真软件生成的刀具轨迹路径，是否符合加工要求，如不符合，记录到附表6，并在小组讨论中提出改进方法，以便提高加工质量和效率。

二、零件加工

（一）加工准备

1．根据附表1领取材料。

2．根据附表2、3领取刃具、工具、量具。

3．选择切削液。

根据加工对象及所用刀具，选择本次加工所用切削液，并记录切削液名称。

（二）加工过程

1．机床准备。

2．安装工件。

根据毛坯尺寸80mm×80mm×15mm，并且毛坯件各面是已加工面，故选用________装夹工件。装夹工件时，用_________进行找正。为避免钻到钳身可加适当厚度的垫板。

3．装夹刀具。

正确装夹中心钻、麻花钻、扩孔钻等刀具，确保刀具牢固可靠。

4．对刀。

使用寻边器对工件X、Y进行对刀；使用加工刀具和标准量块在机床内对工件上表面对刀，将工件坐标系相对于机床坐标系的*X*、*Y*、*Z*坐标值输入到G54相应的参数中。

5．加工。

（1）转入自动加工模式，将G54参数中的Z值增大100mm，空运行程序，验证加工轨迹是否正确。若轨迹正确，将G54参数中的Z值改为原值，进行下一步操作。若不正确，对照图纸仔细检查程序对错，修改无误后，进行下一步操作。分析并记录程序出错原因。

（2）采用单段方式进行试切加工，并在加工过程中密切观察加工状态，如有异常现场及时停机检查。分析并记录异常原因。

（3）加工完毕后，检测零件加工尺寸是否符合图样要求。若合格，将工件卸下。若不合格，根据加工余量情况，确定是否进行修整加工。能修整的修整加工至图样要求。不能修整的，详细分析记录报废的原因并给出修改措施。请将加工过程中遇到的问题记录到附表7。

三、根据零件加工情况，比较实际工时与计划工时，分析如何提高工作效率

四、机床保养、清理场地

加工完毕后，按照图样要求进行自检，正确放置零件，并进行产品交接确认;按照国家环保相关规定和车间要求整理现场，清扫切屑，保养机床，并正确处置废油液等废弃物，按车间规定填写交接班记录和设备日常保养记录卡。

学习活动5　零件检测与质量分析

学习目标

1. 能根据图样，合理选择检验工具和量具，确定检测方法。
2. 能根据零件的测量结果，分析误差产生的原因。

3．能正确规范地使用工、量具，并对其进行合理保养和维护。

4．能按检验室管理要求，正确放置检验工、量具。

学习地点

数控加工车间。

一、领取检测用工、量具

孔径尺寸精度要求较低时，可采用内卡钳或游标卡尺进行测量；当孔的精度要求较高时，可以用以下几种量具进行测量。

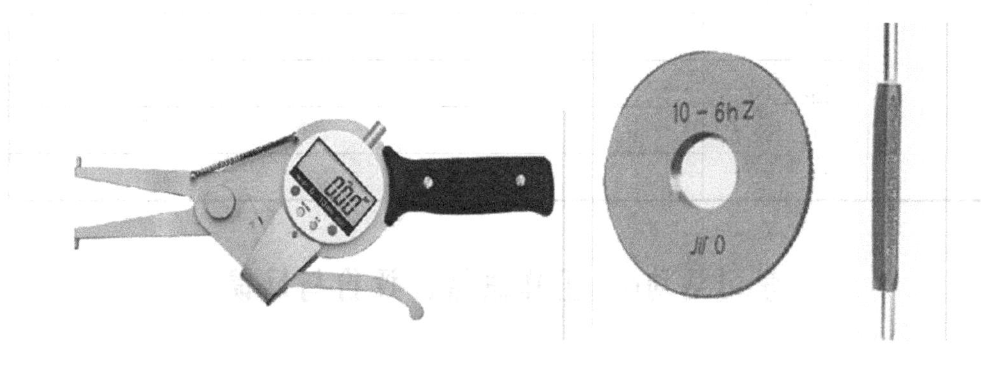

图7-3　数显内卡钳　　图7-4　光环规、塞规

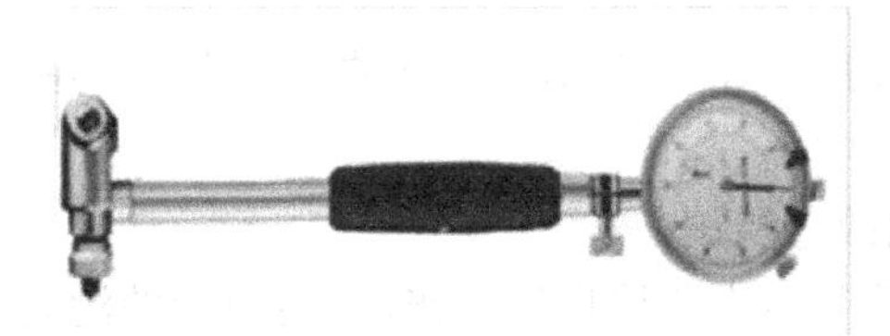

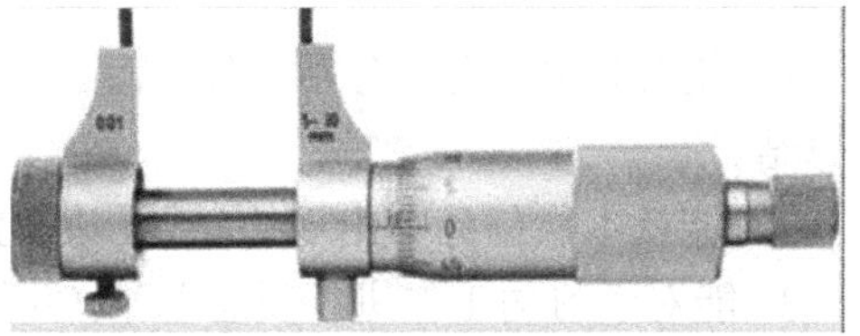

图7-5　内径百分表　　图7-6　内径千分尺

二、检测工件并出具检测报告

三、展示工件的不合格情况并进行质量分析

产生不合格品的情况分析：

项目	出现问题	产生原因
钻孔	孔距大于规定尺寸	
	孔壁粗糙	
	孔歪斜	
	钻孔呈多边形或孔位偏移	

学习活动6　工作总结、评价与反馈

学习目标

1．能按分组情况，分别派代表阐述学习过程，说明本次任务的完成情况，并分析总结。

2．能就本次任务中出现的问题，提出改进措施。

3．能对学习与工作进行反思总结，并能与他人开展良好合作，进行有效的沟通。

学习地点

数控加工车间。

学习过程

工作总结是整个工作过程的一种体会、一种分享、一种积累。它可以充分检查你在整个制作过程中的点点滴滴，有技能的，也有情感的，有艰辛的尝试更有成功的喜悦，还有很多很多，但是我们更注重的是这个过程中你的进步，好好总结并与老师、同学分享你的感悟吧！

1．各加工小组总结端盖零件的加工过程，完成工作总结报告，并向全体师生汇报。

各加工小组以小组形式，可以通过演示文稿、展板、海报、录像等内容展示小组端盖零件的数控加工的工作过程，总结小组成员在本任务实施中专业知识技能、关键能力、职业能力的提升，积累的经验，遇到的问题，解决的方法等等。

2．学生根据本任务完成过程中的学习情况，进行小组自评、互评。

3．教师根据学生在本学习任务过程中的表现情况，进行总结、点评。

任务名称：________________　组名：___________　姓名：______________

自我总结报告

____

____

____

____

____

____

____

____

____

____

____

____

____

____

____

____

____

____

附表2　小组分工

姓名	职责	姓名	职责

附表3　刀具卡

工步	加工内容	刀具				
		刀具类型	刀具直径/mm	主轴转速/mm/min	进给速度/mm/min	背吃刀量/mm

附表4　工量具清单

序号	工量具名称	规格	数量	用途
1				
2				
3				
4				
5				
6				
7				
8				
领取人			组别	

附表5 ____________加工工艺卡

<table>
<tr><td colspan="2" rowspan="2">（单位名称）</td><td rowspan="2">加工工艺卡</td><td>产品名称</td><td colspan="2"></td><td colspan="2">图号</td><td colspan="2"></td></tr>
<tr><td>零件名称</td><td colspan="2"></td><td colspan="2">数量</td><td></td><td>第
页</td></tr>
<tr><td>材料种类</td><td></td><td>材料成分</td><td></td><td colspan="2">毛坯尺寸</td><td colspan="3"></td><td>共
页</td></tr>
<tr><td>工序号</td><td colspan="3">工序内容</td><td>车间</td><td>设备</td><td>夹具</td><td colspan="2">量具</td><td>刃具</td></tr>
<tr><td></td><td colspan="3"></td><td></td><td></td><td></td><td colspan="2"></td><td></td></tr>
<tr><td></td><td colspan="3"></td><td></td><td></td><td></td><td colspan="2"></td><td></td></tr>
<tr><td></td><td colspan="3"></td><td></td><td></td><td></td><td colspan="2"></td><td></td></tr>
<tr><td></td><td colspan="3"></td><td></td><td></td><td></td><td colspan="2"></td><td></td></tr>
<tr><td></td><td colspan="3"></td><td></td><td></td><td></td><td colspan="2"></td><td></td></tr>
<tr><td></td><td colspan="3"></td><td></td><td></td><td></td><td colspan="2"></td><td></td></tr>
<tr><td></td><td colspan="3"></td><td></td><td></td><td></td><td colspan="2"></td><td></td></tr>
<tr><td></td><td colspan="3"></td><td></td><td></td><td></td><td colspan="2"></td><td></td></tr>
<tr><td></td><td colspan="3"></td><td></td><td></td><td></td><td colspan="2"></td><td></td></tr>
<tr><td></td><td colspan="3"></td><td></td><td></td><td></td><td colspan="2"></td><td></td></tr>
<tr><td></td><td colspan="3"></td><td></td><td></td><td></td><td colspan="2"></td><td></td></tr>
<tr><td></td><td colspan="3"></td><td></td><td></td><td></td><td colspan="2"></td><td></td></tr>
<tr><td></td><td colspan="3"></td><td></td><td></td><td></td><td colspan="2"></td><td></td></tr>
<tr><td></td><td colspan="3"></td><td></td><td></td><td></td><td colspan="2"></td><td></td></tr>
<tr><td></td><td colspan="3"></td><td></td><td></td><td></td><td colspan="2"></td><td></td></tr>
<tr><td></td><td colspan="3"></td><td></td><td></td><td></td><td colspan="2"></td><td></td></tr>
<tr><td></td><td colspan="3"></td><td></td><td></td><td></td><td colspan="2"></td><td></td></tr>
<tr><td></td><td colspan="3"></td><td></td><td></td><td></td><td colspan="2"></td><td></td></tr>
</table>

组别：

附表6　仿真加工问题清单

组别：

问题	改进方法

附表7　机床加工问题清单

组别：

问题	改进方法

附表8　______评分表

班级______________　姓名_______________　　工件编号___________

项目	序号	考核要求	配分	评分标准	实际尺寸	得分
	1					
	2					
	3					
	4					
	5					
	6					
	7					
	8					
	9					
	10					
	11					
	12					
	13					
	14					
	15					
	16					
	17					
	18					
	19					
	20					
总配分			100			

学习任务八　多槽底座的加工

学习目标

➢ 知识目标

1．能正确识读和绘制多槽底座图样。
2．能分析多槽底座的加工工艺，并正确填写多槽底座数控加工工艺卡。
3．能正确编制多槽底座加工程序。
4．能完成多槽底座的检测，并根据检测结果分析误差产生的原因。

➢ 能力目标

1．能正确熟练应用机床仿真软件各项功能，模拟数控铣床操作，完成多槽底座零件的模拟加工。
2．能根据零件图样合理选择刀具及切削用量。
3．能正确根据加工要求，正确操作数控机床，完成零件的加工。

➢ 素养目标

1．能按照产品工艺流程和车间要求，进行产品交接并规范填写交接班记录。
2．能严格按照7S车间管理规定，正确规范地保养数控车床。
3．能完成零件的检测，并根据检测结果分析误差产生的原因。
4．能主动查询有效信息，展示工作成果，对学习与工作进行反思总结，并能与他人开展良好合作，进行有效沟通。

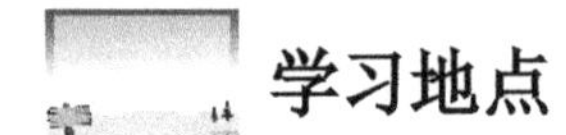

学习地点

数控加工车间。

学习活动1　接单、明确任务要求

学习目标

1．能正确识读和绘制多槽底座零件图样。

2．能正确阅读生产任务单，明确工作任务。

学习地点

数控加工车间。

一、工作情景描述

某公司定制一批设备底座，数量30件，来料加工，材料为45钢，外表面已加工毛坯尺寸为100mm×80mm×25mm，加工内容为工件上表面宽度为6mm的一组槽，交货期为10天。生产主管部门将该生产任务交予我们数控铣工组完成。

加工图样如图：

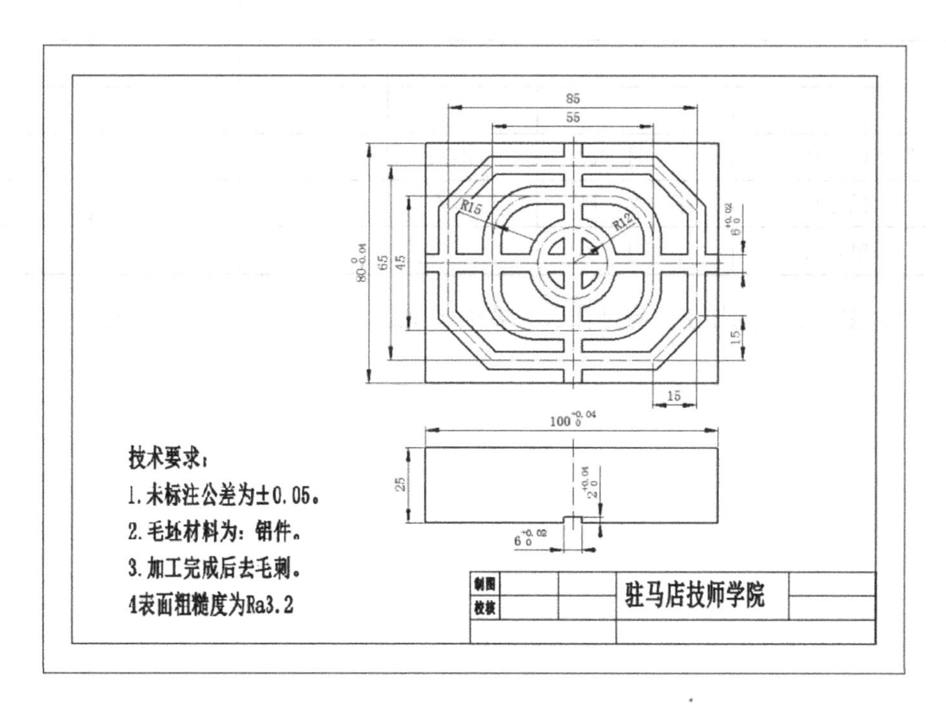

图8-1　加工图纸

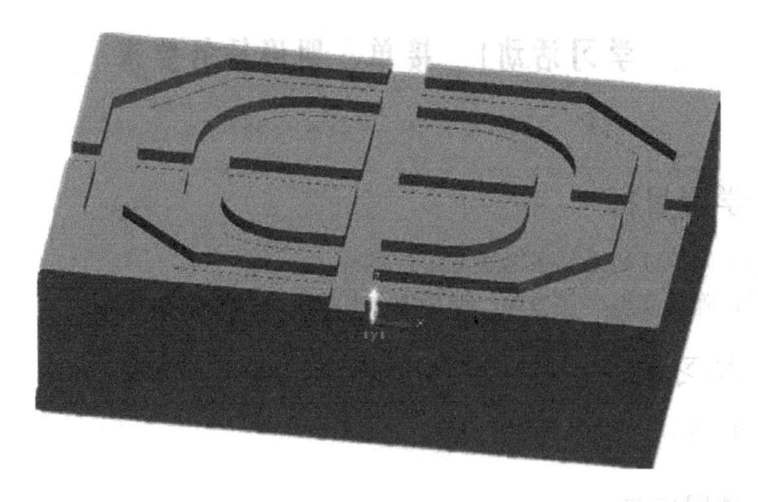

图8-2　多槽底座图

生产任务单

需方单位名称				完成日期	年　　月　　日	
序号	产品名称	材料	数量	技术标准、质量要求		
生产批准时间		年　月　日	批准人			
通知任务时间		年　月　日	发单人			
接单时间		年　月　日	接单人		生产班组	

1．多槽底座的加工难点是什么？多槽底座适合在普通铣床上加工吗?

学习活动2　任务分析

学习目标

1．能从图样中识读零件的外形、尺寸、技术要求。

2．能确定加工要素的位置及精度等要求。

3．能正确选取刀具及切削参数。

学习地点

数控加工车间。

学习过程

1．多槽底座的主要定位尺寸有哪些？主要定形尺寸有哪些？

定位尺寸：

定形尺寸：

2．根据零件结构要素和零件材料分析，确定加工所需的刀具及刀具材料。

3．确定刀具及切削用量。

本次选用________铣刀，材料为________，刀齿数为_______齿。

切削速度Vc=20mm/min，主轴转速n=________，加工时每转进给f_z取0.02mm/z进给速度F= ________。

4．由于多槽底座零件外表面已加工，所以采用_________装夹方式，并选择___和________作为定位基准。

5．确定多槽底座的加工顺序和加工路线。

6．指令学习。

FANUC系统可以在直线与直线、直线与圆弧、圆弧与圆弧间插入倒角/倒圆角指令，从而自动倒角或倒圆。

（1）写出倒角指令格式，并解释各参数的含义

（2）写出倒圆指令格式，并解释各参数的含义

（3）使用倒角或倒圆角指令时，应注意哪些事项

学习活动3　制订、实施计划

学习目标

1．能制定加工工艺，填写工艺卡片。

2．能分析如何保证加工精度。

3．根据各小组展示的加工工艺过程，完善自己的加工工艺。

学习地点

数控加工车间。

学 习 过 程

1．请写出完成本任务的整个工作流程步骤。

2．小组成员分工。（见附表5）

3．选择刀具及刀具参数。（见附表2）

4．列出工量具清单。（见附表3）

5．合理拟定零件加工的工艺路线，根据工艺路线和刀具表，填写数控加工工艺卡。（见附表4）

6．根据图样和加工路线计算编程坐标值

八方形槽加工刀具路径刀具路径和编程原点如下图所示。方法一：采用G01方式编程，刀具从点1下刀，然后依次到达点2→点3→点4→点5→点6→点7→点8→点9→到达点1后抬刀。方法2是采用G01和自动倒角方式编程，刀具从点1下刀，然后依次到达点A→点B→点C→点D→到达点1后抬刀。求各基点的坐标值。

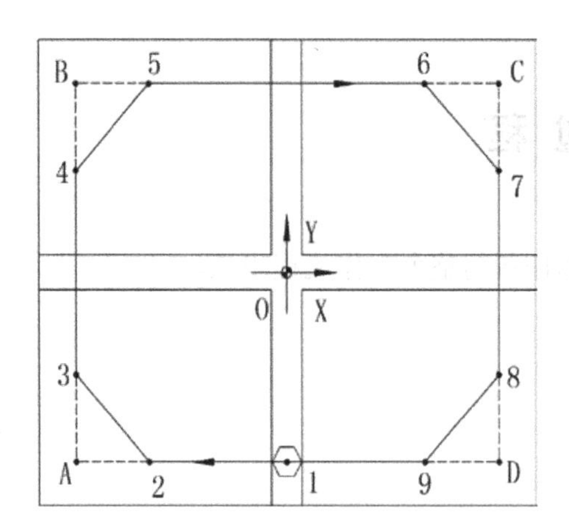

八方形槽刀具路径

基点	坐标	基点	坐标
1		8	
2		9	
3		A	
4		B	
5		C	
6		D	
7			

7．编写加工程序

八方形槽参考程序。

程序	注释

续表

程序	注释

学习活动4　多槽底座的数控加工

学习目标

1．能根据现场条件，查阅相关资料，确定符合加工技术要求的工、量、夹具和辅件。

2．能熟练应用机床仿真软件完成模拟加工。

3．能正确选择本次任务要用的切削液。

4．能正确装夹工件，并对其进行找正。

5．能正确规范地装夹刀具。

6．能严格根据车间管理规定，正确规范地操作数控铣床。

7．能准确运用量具进行测量，根据测量结果调整加工参数。

8．能在教师的引导下解决加工中出现的常见的问题。

9．能按车间现场7S管理规定，正确放置零件，整理现场。

10．能严格按照车间管理规定，正确规范地保养数控机床。

学习地点

数控加工车间。

学习过程

一、模拟与仿真加工

1．说明在仿真加工中刀具参数的设置。

2．在模拟加工中，观察仿真软件生成的刀具轨迹路径，是否符合加工要求，如不符合，记录到附表6，并在小组讨论中提出改进方法，以便提高加工质量和效率。

二、零件加工

（一）加工准备

1．根据附表1领取材料。

领取毛坯料，并测量毛坯外形尺寸，判断毛坯是否有足够的加工余量。记录测量结果。

2．根据附表2、3领取刃具、工具、量具。

3．选择切削液。

根据加工对象及所用刀具，选择本次加工所用切削液，并记录切削液名称。

（二）加工过程

1．机床准备。

2．安装工件。

根据毛坯尺寸100mm×80mm×25mm，并且毛坯件各面是已加工面，故选用________装夹工件。装夹工件时，用________进行找正。

3．装夹刀具。

正确装夹刀具，确保刀具牢固可靠。

4．对刀。

首先设定主轴转速，使用寻边器对工件X、Y进行对刀；使用加工刀具和标准量块在机床内对工件上表面对刀，将工件坐标系相对于机床坐标系的*X*、*Y*、*Z*坐标值输入到G54相应的参数中。

5．加工。

（1）转入自动加工模式，将G54参数中的Z值增大100mm，空运行程序，验证加工轨迹是否正确。若轨迹正确，将G54参数中的Z值改为原值，进行下一步操作。若不正确，对照图纸仔细检查程序对错，修改无误后，进行下一步操作。分析并记录程序出错原因。

（2）采用单段方式进行试切加工，并在加工过程中密切观察加工状态，如有异常现场及时停机检查。分析并记录异常原因。

（3）加工完毕后，检测零件加工尺寸是否符合图样要求。若合格，将工件卸下。若不合格，根据加工余量情况，确定是否进行修整加工。能修整的修整加工至图样要求。不能修整的，详细分析记录报废的原因并给出修改措施。请将加工过程中遇到的问题记录到附表7。

三、根据零件加工情况，比较实际工时与计划工时，分析如何提高工作效率

四、机床保养、清理场地

加工完毕后，按照图样要求进行自检，正确放置零件，并进行产品交接确认;按照国家环保相关规定和车间要求整理现场，清扫切屑，保养机床，并正确处置废油液等废弃物，按车间规定填写交接班记录附表8和设备日常保养记录卡。

学习活动5　零件检测与质量分析

学习目标

1. 能根据图样，合理选择检验工具和量具，确定检测方法。
2. 能根据零件的测量结果，分析误差产生的原因。
3. 能正确规范地使用工、量具，并对其进行合理保养和维护。
4. 能按检验室管理要求，正确放置检验工、量具。

学习地点

数控加工车间。

学习过程

1. 领取检测用工、量具。
2. 检测工件并出具检测报告。
3. 展示工件的不合格情况并进行质量分析。

4．产生不合格品的情况分析。

产生不合格品的情况分析：

废品种类	产生原因	预防措施

学习活动6　工作总结、评价与反馈

学习目标

1．能按分组情况，分别派代表阐述学习过程，说明本次任务的完成情况，并分析总结。

2．能就本次任务中出现的问题，提出改进措施。

3. 能对学习与工作进行反思总结，并能与他人开展良好合作，进行有效的沟通。

学习地点

数控加工车间。

学习过程

工作总结是整个工作过程的一种体会、一种分享、一种积累。它可以充分检查你在整个制作过程中的点点滴滴，有技能的，也有情感的，有艰辛的尝试更有成功的喜悦，还有很多很多，但是我们更注重的是这个过程中你的进步，好好总结并与老师、同学分享你的感悟吧！

1．各加工小组总结多槽底座零件的加工过程，完成工作总结报告，并向全体师生汇报。

各加工小组以小组形式，可以通过演示文稿、展板、海报、录像等内容展示小组多槽底座零件的数控加工的工作过程，总结小组成员在本任务实施中专业知识技能、关键能力、职业能力的提升，积累的经验，遇到的问题，解决的方法等等。

2．学生根据本任务完成过程中的学习情况，进行小组自评、互评。

3．教师根据学生在本学习任务过程中的表现情况，进行总结、点评。

任务名称：________________ 组名：__________ 姓名：____________

自我总结报告

____

____

____

____

____

____

____

____

____

____

____

____

____

____

____

____

____

____

附表1　毛坯尺寸及材料成本核算

零件名称	材料	材料规格	单位	数量	成本核算
合计材料成本					
领取人			组别		

附表2　刀具及刀具参数清单

刀具序号	刀具名称	数量	加工内容	刀尖半径/mm	刀具规格/mm×mm
1					
2					
3					
4					
5					
6					
7					
8					
领取人				组　别	

附表3　工量具清单

序号	工量具名称	规格	数量	用途
1				
2				
3				
4				
5				
6				
7				
8				
领取人			组别	

附表4 ____________加工工艺卡

（单位名称）		产品名称		图号		
		零件名称		数量		
工序	程序序号	夹具名称	使用设备		车间	材料
工步	工步内容	刀具规格	主轴转速	进给速度	背吃刀量	备注

附表5 小组分工

组别：

姓名	职责	姓名	职责

附表6　仿真加工问题清单

组别：

问题	改进方法

附表7　机床加工问题清单

组别

问题	改进方法

学习任务九　垫片凸凹模的数控铣加工

学习目标

➢ 知识目标

1．能正确识读和绘制垫片凸凹模零件图样。

2．能分析垫片凸凹模的加工工艺，并正确填写垫片凸凹模数控加工工艺卡。

3．能正确编制垫片凸凹模加工计划。

➢ 能力目标

1．能熟练应用机床仿真软件完成垫片凸凹模零件的模拟加工。

2．能正确规范地装夹工件和数控铣刀，并正确进行数控铣刀的对刀。

3．能根据加工要求，正确操作数控机床，完成垫片凸凹模零件的加工。

➢ 素养目标

1．能按产品工艺流程和车间要求，进行产品交接并规范填写交接班记录。

2．能严格按照7S车间管理规定，正确规范地保养数控机床。

3．能完成垫片凸凹模零件的测量，并根据测量结果分析误差产生的原因。

4．能主动获取有效信息，展示工作成果，对学习与工作进行反思总结，并能与他人展开良好合作，进行有效的沟通。

学习地点

数控加工车间。

学习活动1　接单、明确任务要求

学习目标

1. 能正确阅读生产任务单，明确工作任务。
2. 能正确识读绘制零件图。

学习地点

数控加工车间。

一、工作情景描述

某机械加工厂有一个订单，要求生产一批垫片凸凹模零件，试生产数量30件，材料2A12，毛坯尺寸为250mm×80mm×20mm，对尺寸精度要求较高，企业给出的经费为2000 元，该企业咨询我院是否可以完成该项加工任务。现我院将该任务交由我们一体化班，请大家综合考虑各项因素决定是否接下该任务。如可以，学员们以团队协作的方式完成5件，生产周期7天，送检合格后，投入批量生产，月产量1000件。

二、接受任务

领取生产任务单、加工图样，明确本次加工任务的内容。

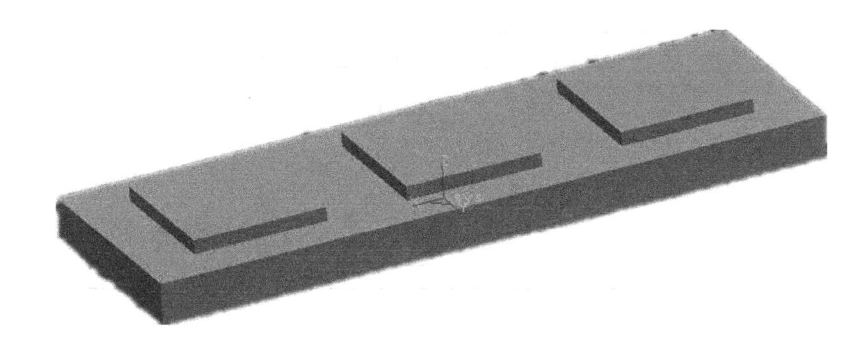

图9-1　实体图1

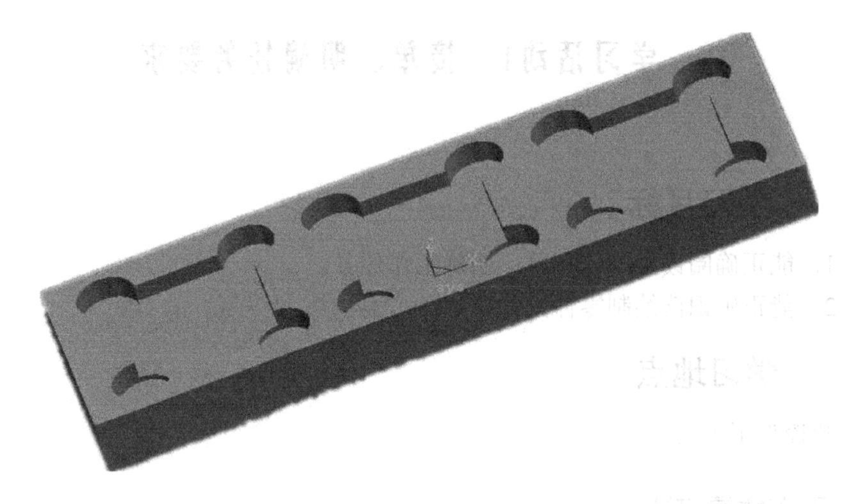

图9-2　实体图2

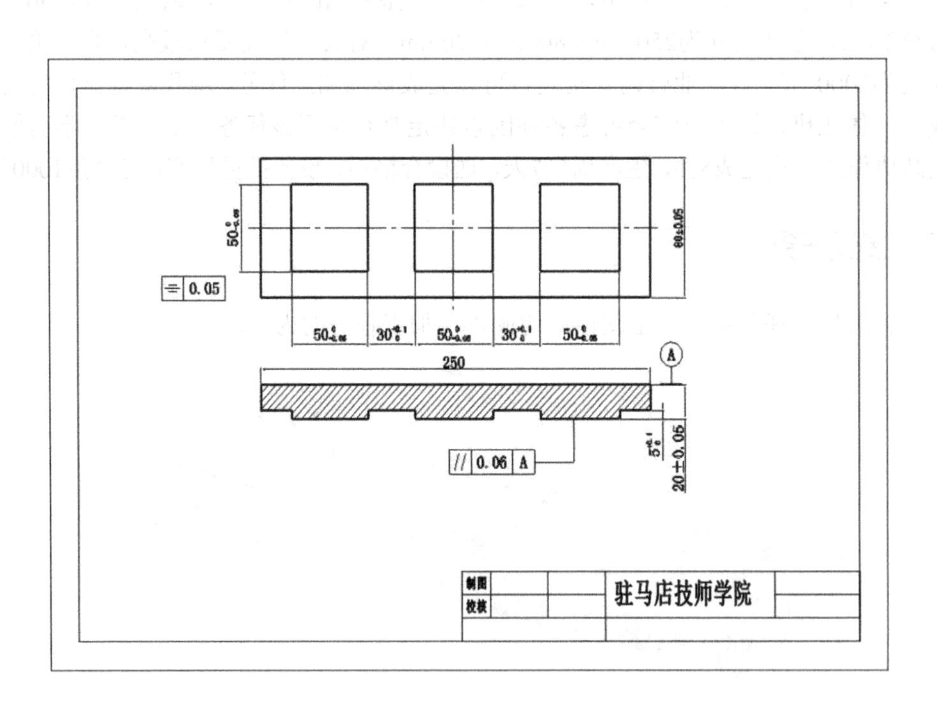

图9-3　图纸图1

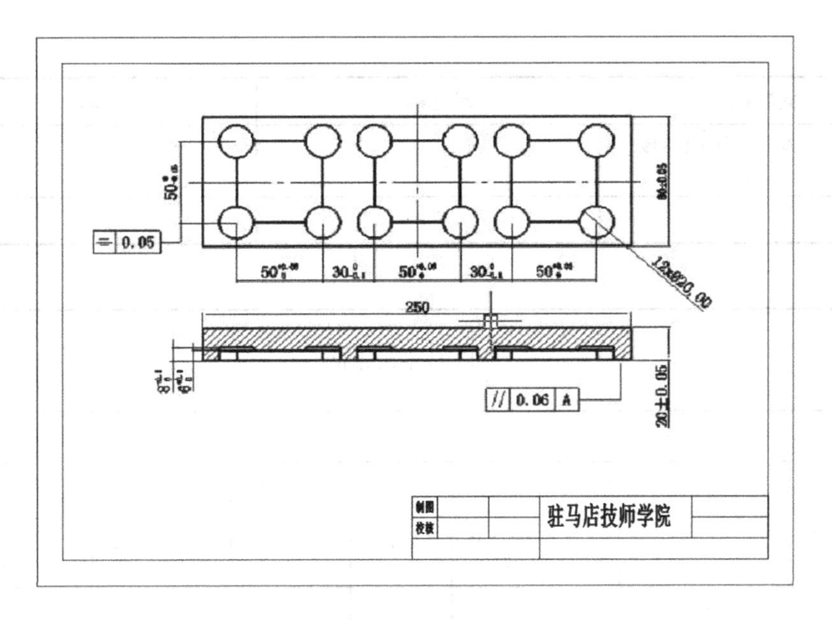

图9-4　图纸图2

生产任务单

需方单位名称				完成日期	年　　月　　日	
序号	产品名称	材料	数量	技术标准、质量要求		
生产批准时间		年　月　日	批准人			
通知任务时间		年　月　日	发单人			
接单时间		年　月　日	接单人		生产班组	

请同学们根据情景描述和图纸回答以下问题。

问题描述	问题解决	备注
零件名称、材料？		
零件结构要素及精度？		
材料牌号及性能？		
机床选择？		
加工数量、加工周期？		
工艺流程？		

续表

问题描述	问题解决	备注
材料成本及加工成本核算？	附表（一）	

<table>
<tr><td colspan="12">加工成本核算表</td></tr>
<tr><td colspan="12">产品名称：</td></tr>
<tr><td rowspan="4">材料费</td><td rowspan="2">材料牌号</td><td rowspan="2">类型</td><td colspan="3">毛坯尺寸/mm</td><td rowspan="2">密度/kg/m-3</td><td rowspan="2">数量</td><td rowspan="2">质量/kg</td><td rowspan="2">单价/元/kg</td><td rowspan="2">金额/元</td><td rowspan="2">小计/元</td></tr>
<tr><td>长（直径）</td><td>宽</td><td>高（长度）</td></tr>
<tr><td></td><td></td><td></td><td></td><td></td><td></td><td></td><td></td><td></td><td></td><td rowspan="2"></td></tr>
<tr><td></td><td></td><td></td><td></td><td></td><td></td><td></td><td></td><td></td><td></td></tr>
<tr><td rowspan="3">加工费</td><td colspan="2">设备</td><td>工时/h</td><td>单价</td><td>金额/元</td><td colspan="2">设备</td><td>工时/h</td><td>单价</td><td>金额/元</td><td>小计/元</td></tr>
<tr><td>1</td><td>数车</td><td></td><td></td><td></td><td>3</td><td>普车</td><td></td><td></td><td></td><td rowspan="2"></td></tr>
<tr><td>2</td><td>数加</td><td></td><td></td><td></td><td>4</td><td>普铣</td><td></td><td></td><td></td></tr>
<tr><td colspan="11">总成本</td><td></td></tr>
</table>

学习活动2　任务分析（6课时）

学习目标

1. 能从图样中识读零件的外形、尺寸、技术要求。
2. 能确定加工要素的位置及精度等要求。
3. 能正确选取刀具。
4. 能正确使用加工指令。

学习地点

数控加工车间培训室。

学习过程

1．小组讨论，分析零件图样，在下表中写出垫片凸凹模零件的主要加工尺寸、几何公差要求及表面质量要求，并进行相应的尺寸公差计算，为零件的编程做准备，并填写以下表格。

凹模主要尺寸

序号	项目	内容	偏差范围（数值）
1	主要加工尺寸		
2			
3			
4			
5			
6			
7	几何公差要求		
8	表面质量要求		

凸模主要尺寸

序号	项目	内容	偏差范围（数值）
1	主要加工尺寸		
2			
3			
4			
5	几何公差要求		
6	表面质量要求		

2．垫片凸模主要定位尺寸和定形尺寸有哪些？

定位尺寸：

定形尺寸：

3．垫片凹模主要定位尺寸和定形尺寸有哪些？

定位尺寸：

定形尺寸：

4．垫片凹模图样中为什么会设置12× ϕ20mm的圆弧？

5．选择毛坯尺寸，绘制图纸。

6．抄绘垫片凸模零件图。

7．抄绘垫片凸模零件图。

8．指令学习。

（1）绝对坐标编程指令

绝对坐标编程指令为________________，采用绝对坐标编程，程序中坐标功能字后面的坐标是以___________________ 原点作为基准，表示刀具终点的绝对坐标。

如下图所示，加工轨迹是一条直线，从“A”点到“B”点。采用绝对坐标方式编程，程序为_________________________。

（2）增量坐标编程指令

增量坐标编程指令为_____________________。增量坐标又称为相对坐标，采用增量坐标编程时，程序中坐标功能字后面的坐标是以刀具起点作为基准，表示刀具终点相对于刀具起点坐标值的增量。如上图所示，加工轨迹是一条直线，从“A”点到“B”点。采用增量坐标方式编程，程序为_____________________。

（3）子程序

1）编程时，当一个零件上有相同的或经常重复的加工内容时，为了简化编程，将这些加工内容编成一个单独的程序，在通过程序调用这些程序进行多次或不同位置的重复加工。在系统中调用程序的程序称为__________程序，被调用的程序称为_______________程序。

2）子程序的程序名与普通数控程序完全相同，由英文字母___________和其后的四位数字组成，数字前的“O”可以省略不写。子程序的结束与主程序不同，用________指令来表示，子程序在执行到结束指令时，将自动返回到主程序继续执行主程序下面的程序段。

3）子程序的调用指令格式为：_____________________________________。

4）主程序可调用子程序，同时子程序也可以调用另一个子程序，即子程序的嵌套。在FANUC 0I系统中，子程序最多可嵌套________________级。

9．看图，计算图中12个基点的坐标是多少。

（1）根据设计的加工路线，确定工件坐标系原点，并计算凸模各基点的坐标。

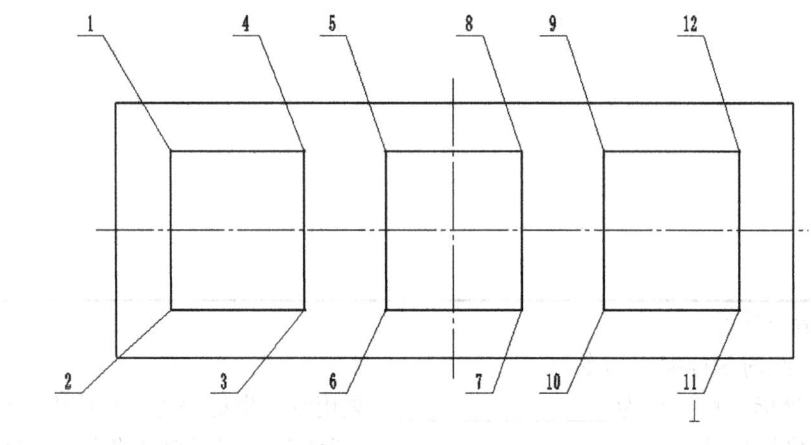

1点（______，______）　　2点（______，______）

3点（______，______）　　4点（______，______）

5点（______，______）　　6点（______，______）

7点（______，______）　　8点（______，______）

9点（______，______）　　10点（______，______）

11点（______，______）　　12点（______，______）

（2）根据设计的加工路线，确定工件坐标系原点，并计算凸模各基点的坐标。

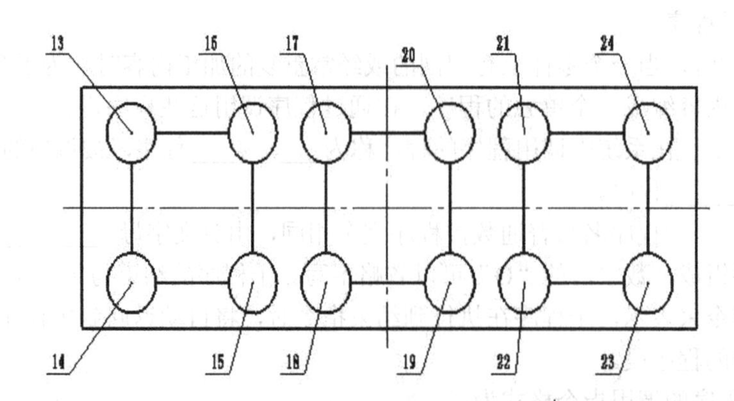

13点（______，______）　　14点（______，______）

15点（______，______）　　16点（______，______）

17点（______，______）　18点（______，______）
19点（______，______）　20点（______，______）
21点（______，______）　22点（______，______）
23点（______，______）　24点（______，______）

10．根据图纸，分析需要选用哪些铣刀及铣刀材料。

	序号1	序号2	序号3	序号4	序号5	序号6
刀具						
材料						

11．通过小组讨论，列举FANUC系统加工凸凹模零件需要螺纹编程指令格式。

序号	格式	含义	特点
指令1			
指令2			
指令3			
指令4			

12．编写加工程序。

学习活动3 制订、实施计划

学习目标

1. 能选择加工刀具与刀具切削参数。
2. 能制定加工工艺，填写工序卡片。
3. 能分析如何保证加工精度。
4. 根据各小组展示的加工工艺过程，完善自己的加工工艺。

学习地点

一体化教室.

学习过程

1. 请写出完成本任务的整个工作流程步骤。

2. 小组成员分工。（见附表5）
3. 选择何种数控铣床加工垫片唾沫？写出机床型号。

4. 确定垫片凸凹模的定位基准和装夹方式。

由于垫片凸凹模外表面已加工，所以采用________________装夹工件，并选择________和____________作为定位基准。

5. 制作垫片凸凹模的加工顺序。

（1）加工垫片凸凹模时，一般采用配作法，应先加工凸模还是凹模？为什么？

（2）加工凹模时，先加工孔还是先加工内腔？为什么？

（3）确定垫片凸凹模的加工顺序。

6．选择刀具及刀具参数。完成附表2的填写。

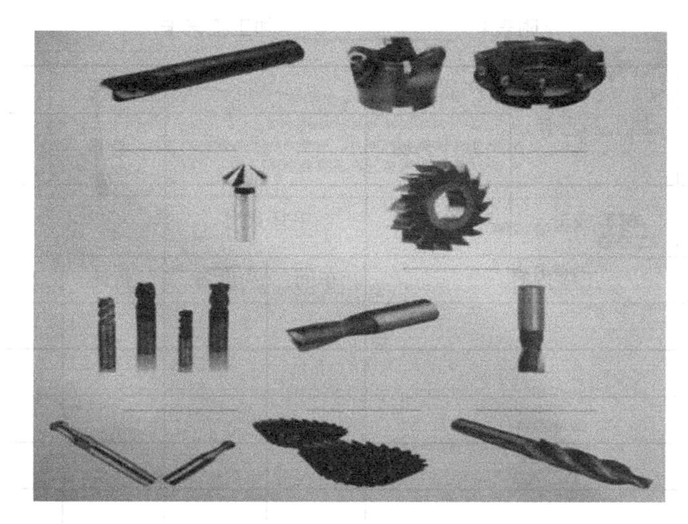

7．列出工量具清单。完成附表3的填写。

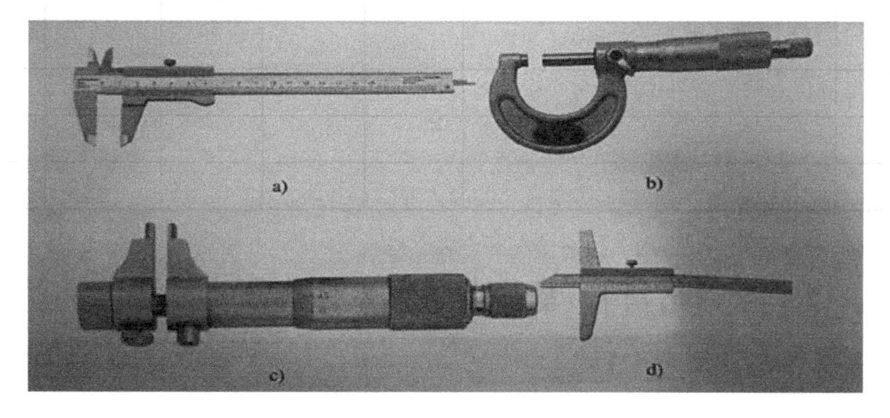

8．合理拟定零件加工的工艺路线，根据工艺路线和刀具表，填写数控加工工艺卡。（见附表4）

9．确定切削用量。

（1）凹模加工深度为$6_{0}^{+0.1}$mm，加工时，Z向选择背吃刀量为____________mm，________次加工到深度。若切削速度V_c取20m/min，则主轴转速n=__________________。若加工时每齿进给量f_z取0.05mm/z，则切削速度Vc=f_z ×Z

×n=________________。

（2）（凹模加工深度为$5_{0}^{+0.1}$ mm，加工时，Z向选择背吃刀量为__________mm，________次加工到深度。若切削速度V_c取20m/min，则主轴转速n=________________。若加工时每齿进给量f_z取0.05mm/z，则切削速度$V_c=f_z\times Z\times n$=________________。

10．填写数控加工工艺卡，填写附件4表。

附表4 ______________加工工艺卡

<table>
<tr><td colspan="2" rowspan="2">（单位名称）</td><td rowspan="2">加工工艺卡</td><td>产品名称</td><td colspan="2"></td><td colspan="2">图号</td><td colspan="2"></td></tr>
<tr><td>零件名称</td><td colspan="2"></td><td colspan="2">数量</td><td></td><td>第 页</td></tr>
<tr><td>材料种类</td><td></td><td>材料成分</td><td></td><td colspan="2">毛坯尺寸</td><td colspan="3"></td><td>共 页</td></tr>
<tr><td>工序号</td><td colspan="3">工序内容</td><td>车间</td><td>设备</td><td>夹具</td><td colspan="2">量具</td><td>刃具</td></tr>
<tr><td></td><td colspan="3"></td><td></td><td></td><td></td><td colspan="2"></td><td></td></tr>
<tr><td></td><td colspan="3"></td><td></td><td></td><td></td><td colspan="2"></td><td></td></tr>
<tr><td></td><td colspan="3"></td><td></td><td></td><td></td><td colspan="2"></td><td></td></tr>
<tr><td></td><td colspan="3"></td><td></td><td></td><td></td><td colspan="2"></td><td></td></tr>
<tr><td></td><td colspan="3"></td><td></td><td></td><td></td><td colspan="2"></td><td></td></tr>
<tr><td></td><td colspan="3"></td><td></td><td></td><td></td><td colspan="2"></td><td></td></tr>
<tr><td></td><td colspan="3"></td><td></td><td></td><td></td><td colspan="2"></td><td></td></tr>
<tr><td></td><td colspan="3"></td><td></td><td></td><td></td><td colspan="2"></td><td></td></tr>
<tr><td></td><td colspan="3"></td><td></td><td></td><td></td><td colspan="2"></td><td></td></tr>
<tr><td></td><td colspan="3"></td><td></td><td></td><td></td><td colspan="2"></td><td></td></tr>
</table>

学习活动4 垫片凸凹模零件的数控加工

学习目标

1．能熟练应用机床仿真软件完成模拟加工
2．进一步熟悉机床的操作。
3．能按照工艺，加工符合图纸要求的零件。
4．在加工过程中，严格遵守安全操作规程，正确规范地使用数控机床。
5．根据切削状态调整切削用量，保证正常切削。

6．能准确运用量具进行测量，根据测量结果调整加工参数。
7．能严格按照车间管理规定，正确规范地保养数控机床。
8．能按车间现场7S管理规定，正确放置零件，整理现场。
9．能按国家环保相关规定和车间要求，正确处置废油液等废弃物。

学习地点

数控车间。

学习过程

一、模拟与仿真加工

1．说明在仿真加工中刀具参数的设置。
根据刀具直径，转速、切削深度、背吃刀量等进行说明（考虑材质等因素）

2．程序输入到仿真软件，并完成对刀操作，模拟加工。

3．在模拟加工中，观察仿真软件生成的刀具轨迹路径，是否符合加工要求，如不符合，记录到附表6，并在小组讨论中提出改进方法，以便提高加工质量和效率。

二、机床加工

（一）加工准备

1．根据附表1领取材料。
2．根据附表2、3领取刃具、工具、量具。

（二）加工过程

1．机床准备。
（1）机床送电
（2）机床各轴回零
（3）输入加工程序、机床锁定并校验程序

2. 安装工件。

毛坯尺寸为250mm×80mm×20mm，尺寸较小，并且毛坯件各面是已加工面，故选用精密平口钳装夹工件。装夹工件时，用百分表进行找正。

3. 正确装夹数控铣刀，确保刀具牢固可靠。

4. 对刀。

测量所选用刀具的长度并记录。将第一把刀作为基准刀进行对刀。通过试切法将工件坐标系相对于机床坐标系的*X*、*Y*、*Z*坐标值输入到G54相应的参数中。根据加工内容和所用刀具，将其他刀具与基准刀的长度差 值输入到相应的参数中。

5. 加工。

（1）根据设计的加工顺序，调入凸模的加工程序，转入自动加工模式，将G54参数中的Z值增大50mm，空运转加工程序，验证加工轨迹是否正确。若轨迹正确，将G54参数中的Z值改为原值，进行下一步操作。若不正确，对照图样仔细检查加工程序对错，修改无误后，进行下一步操作。分析并记录程序出错原因。

（2）采用单段方式对工件进行试切加工，并在加工过程中密切观察加工状态，如有异常现象及时停机检查。分析并记录异常原因。

（3）粗加工完毕后，根据测量结果，修改刀具补偿值，再进行精加工。若粗加工尺寸误差较大，分析并记录误差原因。

（4）加工完毕后，检测零件加工尺寸是否符合图样要求。若合格，将工件卸下。若不合格，根据加工余量情况，确定是否进行修整加工。能修整的修整加工至图样要求。不能修整的，详细分析记录报废的原因并给出修改措施。请将加工过程中遇到的问题记录到附表7。

（5）调入凹模加工程序，按照1～4步骤配做凹模。

三、根据零件加工情况，比较实际工时与计划工时，分析如何提高工作效率

四、机床保养、清理场地

加工完毕后，按照图样要求进行自检，正确放置零件，并进行产品交接确认;按照国家环保相关规定和车间要求整理现场，清扫切屑，保养机床，并正确处置废油液等废弃物，按车间规定填写交接班记录和设备日常保养记录卡。

学习活动5　垫片凸凹模零件检测与质量分析

学习目标

1. 能利用手机、幻灯片等展示自己的工件。
2. 能根据零件的测量结果，分析误差产生的原因。

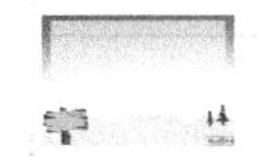

学习地点

一体化教室。

学 习 过 程

1. 用三坐标或量具检测工件并出具检测报告。

序号	技术要求		检测结果	结论
1	凸模	$50^{0}_{-0.05}$		
2		$30^{+0.1}_{0}$		
3		$5^{+0.1}_{0}$		
4		对称度0.05		
5		// 0.06 A		
6		Ra3.2um		
7	凹模	$50^{0}_{-0.05}$		
8		$30^{0}_{-0.1}$		
9		$6^{+0.1}_{0}$		
10		$8^{+0.1}_{0}$		

续表

序号	技术要求		检测结果	结论
11	凹模	12× ϕ20mm		
12		对称度0.05		
13		// | 0.06 | A		
14		Ra3.2um		
垫片凸凹模检测结论				

2．展示工件的不合格情况并进行质量分析。

产生不合格品的情况分析：

废品种类	产生原因	预防措施

学习活动6　工作总结、评价与反馈

学习目标

1．能按分组情况，分别派代表阐述学习过程，说明本次任务的完成情况，并分析总结。

2．能就本次任务中出现的问题，提出改进措施。

3．能对学习与工作进行反思总结，并能与他人开展良好合作，进行有效的沟通。

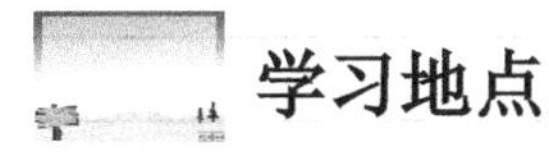

学习地点

一体化教室。

学习过程

工作总结是整个工作过程的一种体会、一种分享、一种积累。它可以充分检查你在整个制作过程中的点点滴滴，有技能的，也有情感的，有艰辛的尝试更有成功的喜悦，还有很多很多，但是我们更注重的是这个过程中你的进步，好好总结并与老师、同学分享你的感悟吧！

1．各加工小组总结垫片凸凹模零件的加工过程，完成工作总结报告，并向全体师生汇报。

各加工小组以小组形式，可以通过演示文稿、展板、海报、录像等内容展示小组垫片凸凹模零件的数控加工的工作过程，总结小组成员在本任务实施中专业知识技能、关键能力、职业能力的提升，积累的经验，遇到的问题，解决的方法等等。

2．学生根据本任务完成过程中的学习情况，进行小组自评、互评。

3．教师根据学生在本学习任务过程中的表现情况，进行总结、点评。

任务名称：________________　组名：__________　姓名：___________

自我总结报告

____

____

____

附表1　毛坯尺寸及材料成本核算

零件名称	材料	材料规格	单位	数量	成本核算
合计材料成本					
领取人			组别		

附表2　刀具及刀具参数清单

刀具序号	刀具名称	数量	加工内容
领取人			

附表3　工量具清单

序号	工量具名称	规格	数量	用途
1				
2				
3				
4				
5				
6				
7				
8				
领取人			组别	

附表5　小组分工

组别：

姓名	职责	姓名	职责

附表6　仿真加工问题清单

组别：

问题	改进方法

附表7　机床加工问题清单

组别：

问题	改进方法

学习任务十　正五边形零件的数控铣加工

学习目标

➢ 知识目标

1. 能正确识读零件图样。
2. 能分析零件图，并简单描述其夹具和设计原理。
3. 能分析正五边形零件的加工工艺，并正确填写加工工艺卡。
4. 能正确编写加工计划。

➢ 能力目标

1. 能熟练应用仿真软件完成正五边形零件的模拟加工。
2. 能正确选择安装工件和刀具，并进行数控铣刀的对刀。
3. 能正确编制零件加工工艺卡片，并绘制刀具路径图。
4. 能正确运用编程指令，按照程序格式要求编制加工程序。
5. 能熟练应用仿真软件各项功能，模拟数控铣床操作，完成零件模拟加工。
6. 能根据加工要求，正确操作数控铣床，完成正五边形零件的加工。

➢ 素养目标

1. 能遵守机房各项管理规定，并规范使用计算机。
2. 能按照产品工艺流程和车间要求，进行产品交接并规范填写交接班记录。

3、能严格按照7S车间管理规定，正确规范地保养数控铣床。

4、能完成零件的检测，并根据检测结果分析误差产生的原因。

5、能主动查询有效信息，展示工作成果，对学习与工作进行反思总结，并能与他人开展良好合作，进行有效沟通。

学习地点

数控加工车间。

学习活动1　接单、明确任务要求

学习目标

1. 能正确阅读生产任务单，明确工作任务。
2. 能正确识读绘制零件图。

学习地点

数控加工车间。

一、工作情景描述

京东一工艺品店有个订单，要求生产一批正五边形零件，设置生产量为30件。材料为铝，现我院将该任务交给我们班。

二、接受任务

领取生产任务单、加工图样，明确本次加工任务的内容。

图10-1　正五边形零件外观

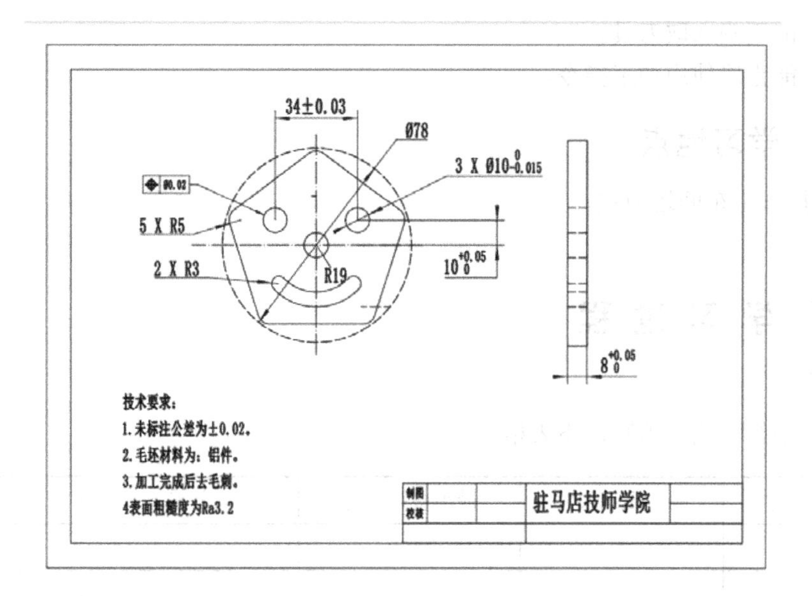

图10-2　五边形零件外观图纸

生产任务单

需方单位名称				完成日期	年　　月　　日	
序号	产品名称	材料	数量	技术标准、质量要求		
生产批准时间		年　月　日	批准人			
通知任务时间		年　月　日	发单人			
接单时间		年　月　日	接单人		生产小组	

学习活动2　任务分析

学习目标

1．能从图样中识读零件的外形、尺寸、技术要求。
2．能确定加工要素的位置及精度等要求。
3．简单说明本次加工需要的夹具。

4．能正确选取刀具。

5．能正确使用加工指令。

学习地点

数控加工车间培训室。

学习过程

1．小组讨论，填写以下表格。

主要尺寸	最大极限尺寸	最小极限尺寸	公差	备注

2．本次任务的加工难点，如何解决？

3．确定其装夹方式？

（1）根据加工任务和已有的毛坯形状，加工零件图中孔和腰鼓形内轮廓时，应选用______夹具装夹工件，以_______作为定位基准。

（2）要实现本任务的正五边形轮廓加工，选用通用夹具（三爪自定心卡盘或平口钳等）无法完成工件的装夹，需制作_______来辅助加工。本任务中可以选用简单的专用夹具。

（3）查阅资料，说出机床夹具的一般组成和作用。本任务中设计的一面两销夹具，定位装置是什么？夹紧装置是什么？夹具体是什么？

4．夹具体中定位孔的尺寸精度与笑脸正五边形零件图中定位孔的尺寸精度相比，前者要求要更高些，一般要高一倍，为什么？如何保证达到此精度要求？

5．根据上述夹具体设计过程中的一系列问题，画出其夹具体零件图。

6．选择刀具。

7．思考加工路线。

学习活动3　制订、实施计划

学习目标

1．能选择加工刀具与刀具切削参数。
2．能制定加工工艺，填写工序卡片。
3．能分析如何保证加工精度。
4．根据各小组展示的加工工艺过程，完善自己的加工工艺。

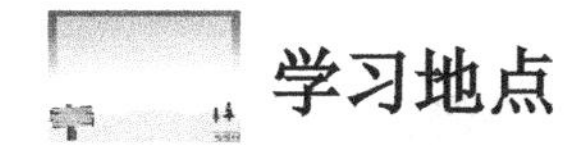

学习地点

数控加工车间。

学习过程

1．请写出完成本任务的整个工作流程步骤。

2．小组成员分工。

序号	姓名	工作内容	备注
1			
2			
3			
4			
5			
6			

3．根据下图认识铣削刀具，以下哪些刀具可用于本工件的加工？说明选用刀具所加工的零件部位。

4．看下图，讨论本项活动需要用到哪些量具，并列出工量具清单。

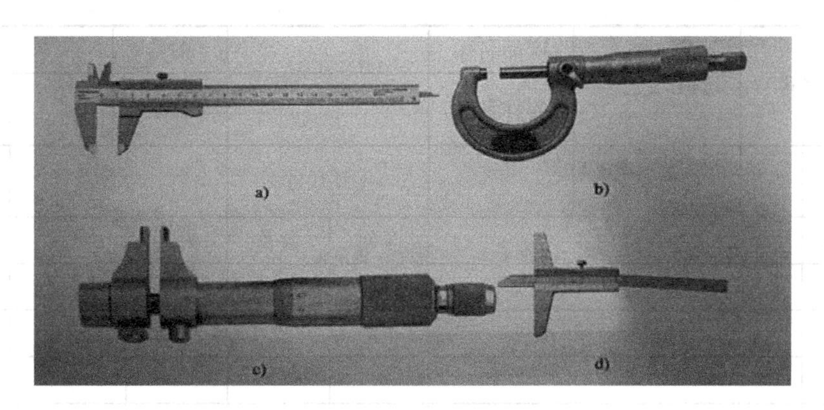

工量具清单表

序号	工量具名称	规格	数量	用途
1				
2				
3				
4				
5				
6				
7				
8				
领取人			组别	

5．合理拟定零件加工的工艺路线，根据工艺路线和刀具表，填写数控加工工艺卡。

______________加工工艺卡

<table>
<tr><td rowspan="2" colspan="2">（单位名称）</td><td rowspan="2">加工工艺卡</td><td>产品名称</td><td colspan="2"></td><td colspan="2">图号</td><td colspan="2"></td></tr>
<tr><td>零件名称</td><td colspan="2"></td><td colspan="2">数量</td><td></td><td>第
页</td></tr>
<tr><td>材料种类</td><td></td><td>材料成分</td><td></td><td colspan="2">毛坯尺寸</td><td colspan="3"></td><td>共
页</td></tr>
<tr><td>工序号</td><td colspan="3">工序内容</td><td>车间</td><td>设备</td><td>夹具</td><td colspan="2">量具</td><td>刀具</td></tr>
<tr><td></td><td colspan="3"></td><td></td><td></td><td></td><td colspan="2"></td><td></td></tr>
<tr><td></td><td colspan="3"></td><td></td><td></td><td></td><td colspan="2"></td><td></td></tr>
<tr><td></td><td colspan="3"></td><td></td><td></td><td></td><td colspan="2"></td><td></td></tr>
</table>

续表

<table>
<tr><td colspan="2" rowspan="2">（单位名称）</td><td rowspan="2">加工工艺卡</td><td>产品名称</td><td colspan="2"></td><td colspan="2">图号</td><td colspan="2"></td></tr>
<tr><td>零件名称</td><td colspan="2"></td><td colspan="2">数量</td><td></td><td>第
页</td></tr>
<tr><td>材料种类</td><td></td><td>材料成分</td><td></td><td colspan="2">毛坯尺寸</td><td colspan="3"></td><td>共
页</td></tr>
<tr><td>工序号</td><td colspan="3">工序内容</td><td>车间</td><td>设备</td><td>夹具</td><td colspan="2">量具</td><td>刃具</td></tr>
<tr><td></td><td colspan="3"></td><td></td><td></td><td></td><td colspan="2"></td><td></td></tr>
<tr><td></td><td colspan="3"></td><td></td><td></td><td></td><td colspan="2"></td><td></td></tr>
<tr><td></td><td colspan="3"></td><td></td><td></td><td></td><td colspan="2"></td><td></td></tr>
<tr><td></td><td colspan="3"></td><td></td><td></td><td></td><td colspan="2"></td><td></td></tr>
<tr><td></td><td colspan="3"></td><td></td><td></td><td></td><td colspan="2"></td><td></td></tr>
<tr><td></td><td colspan="3"></td><td></td><td></td><td></td><td colspan="2"></td><td></td></tr>
<tr><td></td><td colspan="3"></td><td></td><td></td><td></td><td colspan="2"></td><td></td></tr>
<tr><td></td><td colspan="3"></td><td></td><td></td><td></td><td colspan="2"></td><td></td></tr>
</table>

学习活动4　正五边形零件的模拟与加工

学习目标

1．能熟练应用机床仿真软件完成模拟加工。

2．进一步熟悉机床的操作。

3．能按照工艺，加工符合图纸要求的零件。

4．在加工过程中，严格遵守安全操作规程，正确规范地使用数控机床。

5．根据切削状态调整切削用量，保证正常切削。

6．能准确运用量具进行测量，根据测量结果调整加工参数。

7．能按车间现场7S管理规定，正确放置零件，整理现场，正确规范地保养数控机床。

8．能按国家环保相关规定和车间要求，正确处置废油液等废弃物。

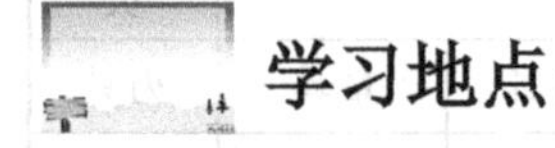

学习地点

数控加工车间。

一、模拟与仿真加工

1．说明在仿真加工中刀具参数的设置。

根据刀具直径，转速、切削深度、背吃刀量等进行说明（考虑材质等因素）

2．在模拟加工中，观察仿真软件生成的刀具轨迹路径，是否符合加工要求，如不符合，记录到附表6，并在小组讨论中提出改进方法，以便提高加工质量和效率。

二、机床加工

（一）加工准备

1．根据附表1领取材料。

2．根据附表2、3领取刃具、工具、量具。

（二）加工过程

1．根据教师引导，记录加工过程步骤。

2．粗加工完毕后，根据测量结果，修改刀具补偿值，再进行精加工。若粗加工尺寸误差较大，分析并记录误差原因。

3．加工完毕后，检测零件加工尺寸是否符合图样要求。若合格，将工件卸下。

若不合格，根据加工余量情况，确定是否进行修整加工。能修整的修整加工至图样要求。不能修整的，详细分析记录报废的原因并给出修改措施。请将加工过程中遇到的问题记录到附表7。

三、根据零件加工情况，比较实际工时与计划工时，分析如何提高工作效率

四、机床保养、清理场地

加工完毕后，按照图样要求进行自检，正确放置零件，并进行产品交接确认;按照国家环保相关规定和车间要求整理现场，清扫切屑，保养机床，并正确处置废油液等废弃物，按车间规定填写交接班记录和设备日常保养记录卡。

学习活动5　零件检测与质量分析

学习目标

1. 能利用手机、幻灯片等展示自己的工件。
2. 能根据零件的测量结果，分析误差产生的原因。

学习地点

数控加工车间。

学习过程

1. 三坐标检测工件并出具检测报告。

2．展示工件的不合格情况并进行质量分析。

产生不合格品的情况分析：

废品种类	产生原因	预防措施

学习活动6　工作总结、评价与反馈

学习目标

1．能按分组情况，分别派代表阐述学习过程，说明本次任务的完成情况，并分析总结。

2．能就本次任务中出现的问题，提出改进措施。

3．能对学习与工作进行反思总结，并能与他人开展良好合作，进行有效的沟通。

学习地点

数控加工车间。

学习过程

工作总结是整个工作过程的一种体会、一种分享、一种积累。它可以充分检查你在整个制作过程中的点点滴滴，有技能的，也有情感的，有艰辛的尝试更有成功的喜悦，还有很多很多，但是我们更注重的是这个过程中你的进步，好好总结并与老师、同学分享你的感悟吧！

1．各加工小组总结正五边形零件的加工过程，完成工作总结报告，并向全体师生汇报。

各加工小组以小组形式，可以通过演示文稿、展板、海报、录像等内容展示小组正五边形零件的数控加工的工作过程，总结小组成员在本任务实施中专业知识技能、关键能力、职业能力的提升，积累的经验，遇到的问题，解决的方法等等。

2．学生根据本任务完成过程中的学习情况，进行小组自评、互评。

3．教师根据学生在本学习任务过程中的表现情况，进行总结、点评。

任务名称：______________　　组名：____________　姓名：__________

自我总结报告

附表1　毛坯尺寸及材料成本核算

零件名称	材料	材料规格	单位	数量	成本核算
合计材料成本					
领取人			组别		

附表2　刀具及刀具参数清单

刀具序号	刀具名称	数量	加工内容
领取人			

附表3　工量具清单

序号	工量具名称	规格	数量	用途
1				
2				
3				
4				
5				
6				
7				
8				
领取人			组别	

附表4 ________________加工工艺卡

<table>
<tr><td colspan="2" rowspan="2">（单位名称）</td><td rowspan="2">加工工艺卡</td><td>产品名称</td><td colspan="2"></td><td>图号</td><td colspan="2"></td></tr>
<tr><td>零件名称</td><td colspan="2"></td><td>数量</td><td></td><td>第
页</td></tr>
<tr><td>材料种类</td><td></td><td>材料成分</td><td></td><td colspan="2">毛坯尺寸</td><td colspan="2"></td><td>共
页</td></tr>
<tr><td>工序号</td><td colspan="3">工序内容</td><td>车间</td><td>设备</td><td>夹具</td><td>量具</td><td>刃具</td></tr>
<tr><td></td><td colspan="3"></td><td></td><td></td><td></td><td></td><td></td></tr>
<tr><td></td><td colspan="3"></td><td></td><td></td><td></td><td></td><td></td></tr>
<tr><td></td><td colspan="3"></td><td></td><td></td><td></td><td></td><td></td></tr>
<tr><td></td><td colspan="3"></td><td></td><td></td><td></td><td></td><td></td></tr>
<tr><td></td><td colspan="3"></td><td></td><td></td><td></td><td></td><td></td></tr>
<tr><td></td><td colspan="3"></td><td></td><td></td><td></td><td></td><td></td></tr>
<tr><td></td><td colspan="3"></td><td></td><td></td><td></td><td></td><td></td></tr>
<tr><td></td><td colspan="3"></td><td></td><td></td><td></td><td></td><td></td></tr>
<tr><td></td><td colspan="3"></td><td></td><td></td><td></td><td></td><td></td></tr>
<tr><td></td><td colspan="3"></td><td></td><td></td><td></td><td></td><td></td></tr>
<tr><td></td><td colspan="3"></td><td></td><td></td><td></td><td></td><td></td></tr>
</table>

附表5 小组分工

组别 ：

姓名	职责	姓名	职责

附表6　仿真加工问题清单

组别：

问题	改进方法

附表7　机床加工问题清单

组别：

问题	改进方法

学习任务十一　铅笔座的加工

学习目标

➢ 知识目标

1．能正确识读零件图样。
2．能分析零件图，确定其加工基准和定位基准。
3．能分析正零件的加工工艺，并正确填写加工工艺卡。
4．能正确编写加工计划。

➢ 能力目标

1．能熟练应用仿真软件完成正五边形零件的模拟加工。
2．能正确选择安装工件和刀具，并进行数控铣刀的对刀。
3．能正确编制零件加工工艺卡片，并绘制刀具路径图。
4．能正确运用编程指令，按照程序格式要求编制加工程序。
5．能熟练应用仿真软件各项功能，模拟数控铣床操作，完成零件模拟加工。
6．能根据加工要求，正确操作数控铣床，完成笔座零件的加工。

➢ 素养目标

1．能遵守机房各项管理规定，并规范使用计算机。
2．能按照产品工艺流程和车间要求，进行产品交接并规范填写交接班记录。
3．能严格按照7S车间管理规定，正确规范地保养数控铣床。
4．能完成零件的检测，并根据检测结果分析误差产生的原因。

5．能主动查询有效信息，展示工作成果，对学习与工作进行反思总结，并能与他人开展良好合作，进行有效沟通。

学习地点

数控加工车间。

学习活动1　接单、明确任务要求

学习目标

1．能正确阅读生产任务单，明确工作任务。

2．能正确识读绘制零件图。

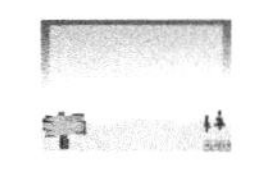

学习地点

数控加工车间。

一、工作情景描述

某文具公司根据市场调研，新设计了一款可转位铅笔笔座，用于参加展博会，委托我院生产30件。材料为铝，现我院将该任务交给我们班。

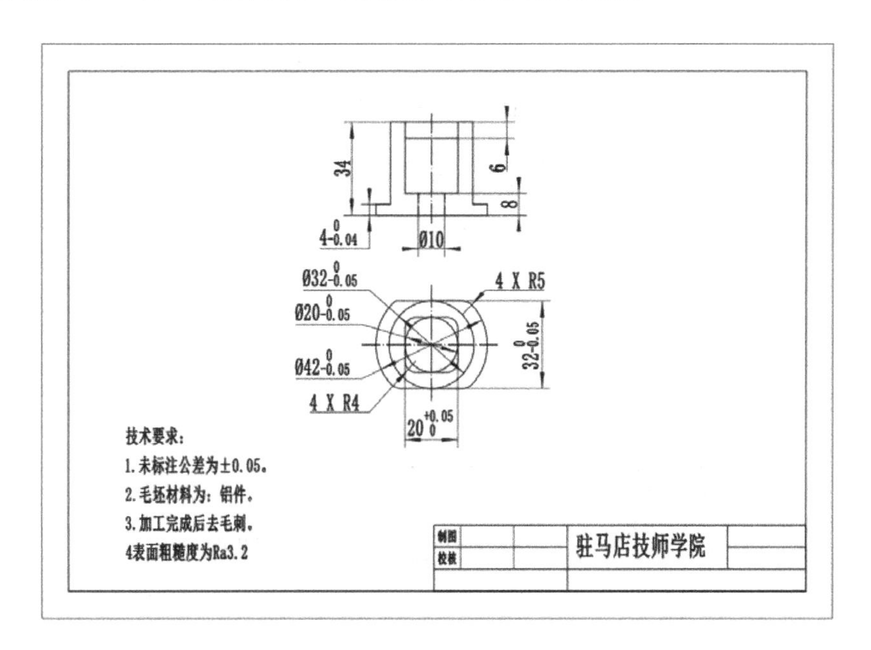

图11-1　图纸图1

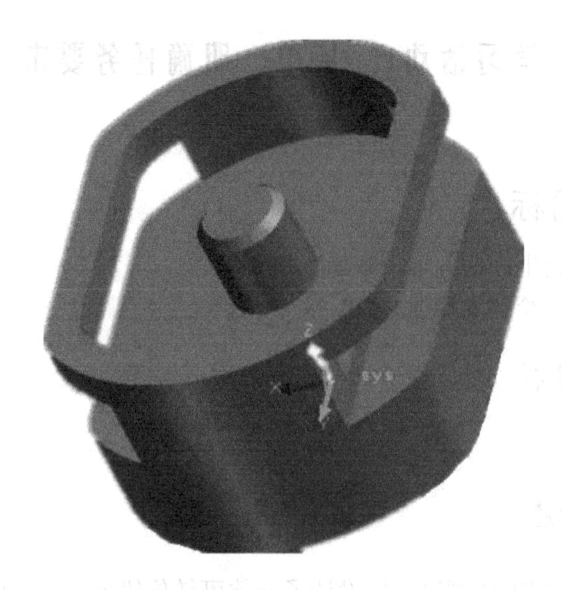

图11-2　实物图1

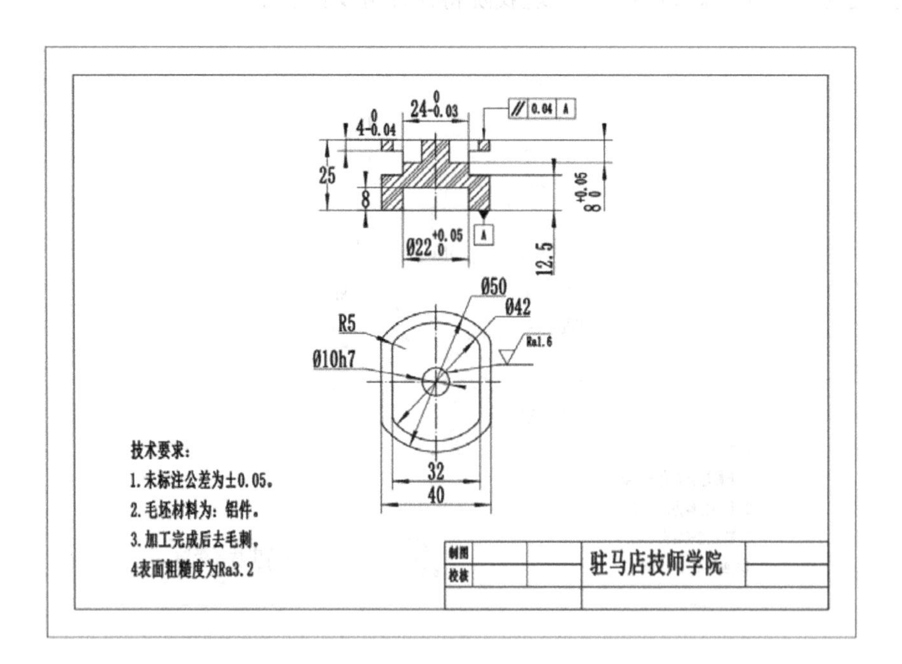

图11-3　图纸图2

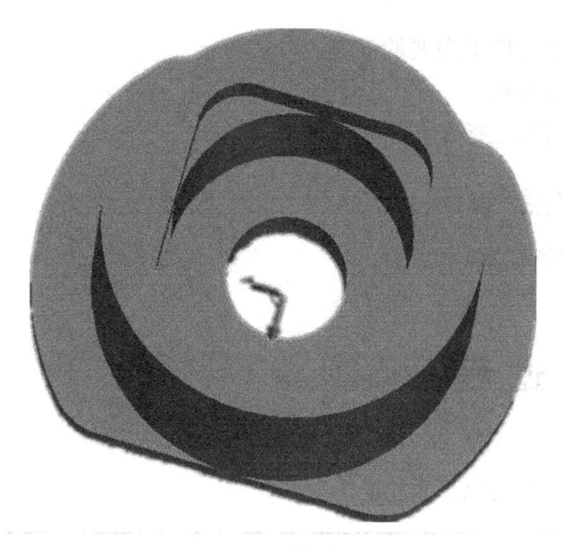

图11-4　实物图2

二、接受任务

领取生产任务单、加工图样，明确本次加工任务的内容。

生产任务单

需方单位名称				完成日期	年　　月　　日	
序号	产品名称	材料	数量	技术标准、质量要求		
生产批准时间		年　月　日	批准人			
通知任务时间		年　月　日	发单人			
接单时间		年　月　日	接单人		生产小组	

学习活动2　任务分析

学习目标

1．能从图样中识读零件的外形、尺寸、技术要求。
2．能确定加工要素的位置及精度等要求。

3．简单说明本次加工需要的夹具。

4．能正确选取刀具。

5．能正确使用加工指令。

学习地点

数控加工车间培训室。

学习过程

1．小组讨论，填写以下表格。

主要尺寸	最大极限尺寸	最小极限尺寸	公差	备注

2．本次任务的加工难点，如何解决？

3．确定其装夹方式？

（1）根据加工任务和已有的毛坯形状，应选用____________夹具装夹工件。

（2）粗、精加工底座上表面轮廓和旋钮上表面轮廓时，应选择__________作为定位基准。根据已加工部分的零件形状和尺寸要求，此时应选用哪种夹具？如何校正？

4．内圆弧轮廓应该选用__________的方式切入和切出工件。

5．选择刀具。

6．思考加工路线。

学习活动3　制订、实施计划

学习目标

1．能选择加工刀具与刀具切削参数。
2．能制定加工工艺，填写工序卡片。
3．能分析如何保证加工精度。
4．根据各小组展示的加工工艺过程，完善自己的加工工艺。

学习地点

数控加工车间。

学习过程

1．请写出完成本任务的整个工作流程步骤。

2．小组成员分工。

序号	姓名	工作内容	备注
1			
2			
3			
4			
5			
6			

3．根据下图认识铣削刀具，以下哪些刀具可用于本工件的加工？说明选用刀具所加工的零件部位。

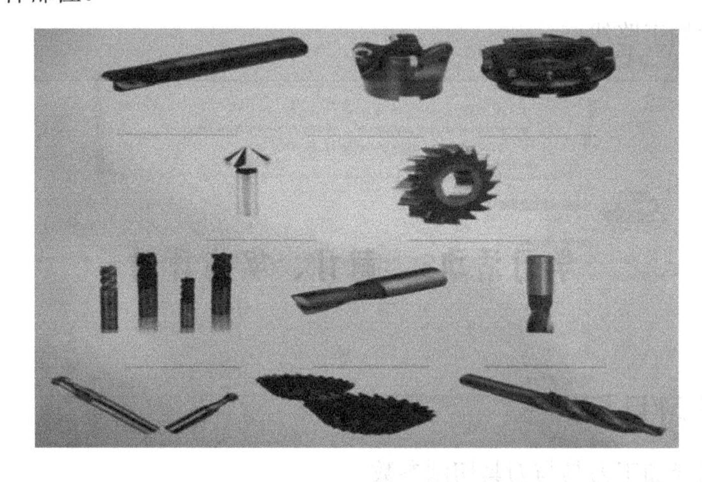

4．看下图，讨论本项活动需要用到哪些量具，并列出工量具清单。

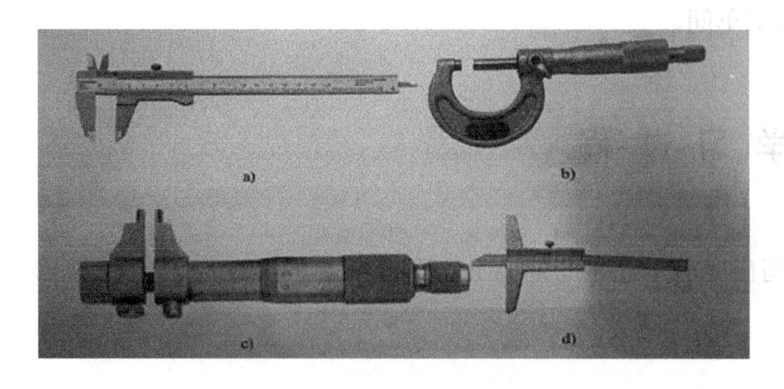

工量具清单表

序号	工量具名称	规格	数量	用途
1				
2				
3				
4				
5				
6				
7				
领取人			组别	

5．合理拟定零件加工的工艺路线，根据工艺路线和刀具表，填写数控加工工艺卡。

＿＿＿＿＿＿＿＿加工工艺卡

<table>
<tr><td colspan="2" rowspan="2">（单位名称）</td><td rowspan="2">加工工艺卡</td><td>产品名称</td><td colspan="2"></td><td colspan="2">图号</td><td colspan="2"></td></tr>
<tr><td>零件名称</td><td colspan="2"></td><td colspan="2">数量</td><td></td><td>第
页</td></tr>
<tr><td>材料种类</td><td></td><td>材料成分</td><td></td><td colspan="2">毛坯尺寸</td><td colspan="3"></td><td>共
页</td></tr>
<tr><td>工序号</td><td colspan="3">工序内容</td><td>车间</td><td>设备</td><td>夹具</td><td colspan="2">量具</td><td>刃具</td></tr>
<tr><td></td><td colspan="3"></td><td></td><td></td><td></td><td colspan="2"></td><td></td></tr>
<tr><td></td><td colspan="3"></td><td></td><td></td><td></td><td colspan="2"></td><td></td></tr>
<tr><td></td><td colspan="3"></td><td></td><td></td><td></td><td colspan="2"></td><td></td></tr>
<tr><td></td><td colspan="3"></td><td></td><td></td><td></td><td colspan="2"></td><td></td></tr>
<tr><td></td><td colspan="3"></td><td></td><td></td><td></td><td colspan="2"></td><td></td></tr>
<tr><td></td><td colspan="3"></td><td></td><td></td><td></td><td colspan="2"></td><td></td></tr>
<tr><td></td><td colspan="3"></td><td></td><td></td><td></td><td colspan="2"></td><td></td></tr>
<tr><td></td><td colspan="3"></td><td></td><td></td><td></td><td colspan="2"></td><td></td></tr>
<tr><td></td><td colspan="3"></td><td></td><td></td><td></td><td colspan="2"></td><td></td></tr>
<tr><td></td><td colspan="3"></td><td></td><td></td><td></td><td colspan="2"></td><td></td></tr>
<tr><td></td><td colspan="3"></td><td></td><td></td><td></td><td colspan="2"></td><td></td></tr>
</table>

学习活动4　铅笔座的模拟与加工

学习目标

1．能熟练应用机床仿真软件完成模拟加工。

2．进一步熟悉机床的操作。

3．能按照工艺，加工符合图纸要求的零件。

4．在加工过程中，严格遵守安全操作规程，正确规范地使用数控机床。

5．根据切削状态调整切削用量，保证正常切削。

6．能准确运用量具进行测量，根据测量结果调整加工参数。

7．能按车间现场7S管理规定，正确放置零件，整理现场，正确规范地保养数控机床。

8．能按国家环保相关规定和车间要求，正确处置废油液等废弃物。

学习地点

数控加工车间。

学习过程

一、模拟与仿真加工

1．说明在仿真加工中刀具参数的设置。

2．在模拟加工中，观察仿真软件生成的刀具轨迹路径，是否符合加工要求，如不符合，记录到附表6，并在小组讨论中提出改进方法，以便提高加工质量和效率。

二、机床加工

（一）加工准备

1．根据附表1领取材料。
2．根据附表2、3领取刃具、工具、量具。

（二）加工过程

1．根据教师引导，记录加工过程步骤。

2．粗加工完毕后，根据测量结果，修改刀具补偿值，再进行精加工。若粗加工尺寸误差较大，分析并记录误差原因。

3．加工完毕后，检测零件加工尺寸是否符合图样要求。若合格，将工件卸下。若不合格，根据加工余量情况，确定是否进行修整加工。能修整的修整加工至图样要求。不能修整的，详细分析记录报废的原因并给出修改措施。请将加工过程中遇到的问题记录到附表7。

三、根据零件加工情况，比较实际工时与计划工时，分析如何提高工作效率

四、机床保养、清理场地

加工完毕后，按照图样要求进行自检，正确放置零件，并进行产品交接确认;按照国家环保相关规定和车间要求整理现场，清扫切屑，保养机床，并正确处置废油液等废弃物，按车间规定填写交接班记录和设备日常保养记录卡。

学习活动5　零件检测与质量分析

学习目标

1．能利用手机、幻灯片等展示自己的工件。

2．能根据零件的测量结果，分析误差产生的原因。

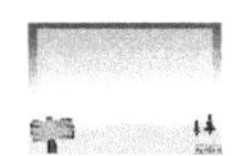

学习地点

数控加工车间。

学习过程

1．三坐标检测工件并出具检测报告。

2．展示工件的不合格情况并进行质量分析。

产生不合格品的情况分析：

废品种类	产生原因	预防措施

学习活动6　工作总结、评价与反馈

学习目标

1．能按分组情况，分别派代表阐述学习过程，说明本次任务的完成情况，并分析总结。

2．能就本次任务中出现的问题，提出改进措施。

3．能对学习与工作进行反思总结，并能与他人开展良好合作，进行有效的沟通。

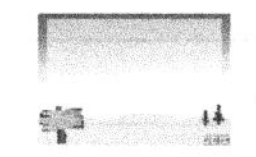

学习地点

数控加工车间。

学习过程

工作总结是整个工作过程的一种体会、一种分享、一种积累。它可以充分检查你在整个制作过程中的点点滴滴，有技能的，也有情感的，有艰辛的尝试更有成功的喜悦，还有很多很多，但是我们更注重的是这个过程中你的进步，好好总结并与老师、同学分享你的感悟吧！

1．各加工小组总结铅笔座零件的加工过程，完成工作总结报告，并向全体师生汇报。

各加工小组以小组形式，可以通过演示文稿、展板、海报、录像等内容展示小组铅笔座零件的数控加工的工作过程，总结小组成员在本任务实施中专业知识技能、关键能力、职业能力的提升，积累的经验，遇到的问题，解决的方法等等。

2．学生根据本任务完成过程中的学习情况，进行小组自评、互评。

3．教师根据学生在本学习任务过程中的表现情况，进行总结、点评。

任务名称：________________　组名：___________　姓名：__________

自我总结报告

____

____

____

附表1　毛坯尺寸及材料成本核算

零件名称	材料	材料规格	单位	数量	成本核算
合计材料成本					
领取人			组别		

附表2　刀具及刀具参数清单

刀具序号	刀具名称	数量	加工内容
领取人			

附表3　工量具清单

序号	工量具名称	规格	数量	用途
1				
2				
3				
4				
5				
6				
7				
8				
领取人			组别	

附表4　______________加工工艺卡

<table>
<tr><td colspan="2" rowspan="2">（单位名称）</td><td rowspan="2">加工工艺卡</td><td>产品名称</td><td colspan="2"></td><td colspan="2">图号</td><td colspan="2"></td></tr>
<tr><td>零件名称</td><td colspan="2"></td><td colspan="2">数量</td><td></td><td>第
页</td></tr>
<tr><td>材料种类</td><td></td><td>材料成分</td><td></td><td colspan="2">毛坯尺寸</td><td colspan="3"></td><td>共
页</td></tr>
<tr><td>工序号</td><td colspan="3">工序内容</td><td>车间</td><td>设备</td><td>夹具</td><td colspan="2">量具</td><td>刃具</td></tr>
<tr><td></td><td colspan="3"></td><td></td><td></td><td></td><td colspan="2"></td><td></td></tr>
<tr><td></td><td colspan="3"></td><td></td><td></td><td></td><td colspan="2"></td><td></td></tr>
<tr><td></td><td colspan="3"></td><td></td><td></td><td></td><td colspan="2"></td><td></td></tr>
<tr><td></td><td colspan="3"></td><td></td><td></td><td></td><td colspan="2"></td><td></td></tr>
<tr><td></td><td colspan="3"></td><td></td><td></td><td></td><td colspan="2"></td><td></td></tr>
<tr><td></td><td colspan="3"></td><td></td><td></td><td></td><td colspan="2"></td><td></td></tr>
<tr><td></td><td colspan="3"></td><td></td><td></td><td></td><td colspan="2"></td><td></td></tr>
<tr><td></td><td colspan="3"></td><td></td><td></td><td></td><td colspan="2"></td><td></td></tr>
<tr><td></td><td colspan="3"></td><td></td><td></td><td></td><td colspan="2"></td><td></td></tr>
<tr><td></td><td colspan="3"></td><td></td><td></td><td></td><td colspan="2"></td><td></td></tr>
<tr><td></td><td colspan="3"></td><td></td><td></td><td></td><td colspan="2"></td><td></td></tr>
</table>

附表5　小组分工

组别：

姓名	职责	姓名	职责

附表6　仿真加工问题清单

组别：

问题	改进方法

附表7　机床加工问题清单

组别：

问题	改进方法